前 言

在历史文化名城、名镇、名村保护事业的 40 年发展历程里，数字化技术被逐步引入各层次、各方面的保护工作之中——从早期针对个别建筑单体开展数字化建档的初步尝试，到面向建筑群、街区、村镇的大规模数字测绘，再到我国首部针对历史文化遗产数字化的行业标准《历史建筑数字化技术标准》JGJ/T 489—2021 的编制与推广、首部针对历史文化遗产数字化档案的团体标准《历史建筑数字化建档工作指南》T/UPSC 0011—2023 的发布、行业信息系统的建立与初步实施——在学者、企业、公众及相关主管部门的共同努力下，各类型文化遗产从物理世界被映射到数字世界，其中蕴含的巨大价值也在这种"数字化"的映射过程中得到不断迭代的认识与表达。

历史文化遗产是一种不可再生的稀缺资产。从管理的视角来看，建立建筑遗产的数字档案本质上是为这些稀缺资产建立数字化的账册——"记账"；建筑遗产数字化的过程则可分为"造册"（设置"会计科目"）和"登记"（记录"明细账"）两大任务。

"造册"，即建筑遗产数字化需要建立完备的资产科目，从而充分刻画建筑遗产的价值特征。建筑遗产作为一类资产，具有一些独特性。首先，如建筑遗产比可移动文物多出了空间属性，如果不能正确刻画其空间特征，则建筑遗产的资产科目不完备。其次，建筑遗产的空间特征意味着其资产需要对应多个产权相关方，如历史建筑的外部空间具有较强的公共产权特性，而内部空间多为私人所有，需要为不同相关方订制不同的报表。再次，建筑遗产的价值具有明显的环境和背景特征，一方面对周围的自然与人文环境产生明显的影响，另一方面其自身价值也深受环境因素的制约。当前，建筑遗产的数字化工作是从国家层面关注历史文化遗产的整体保护情况，在城市更新的背景下，"抢救性"地盘点现存有价资产，体现了历史文化遗产保护的"底线思维"。

"登记"，即建筑遗产数字化需要同步登记"明细账"，完整记载遗产的价值变化与趋势。与大多数资产不同，建筑遗产的价值必须通过有意识的人为干预和持续投入，才能保值、增值。具体而言，一是建筑遗产需要定期的检修加固，二是要通过日常维护减缓损耗，三是要通过持续运营、更新、活化才能保证其价值产出。

"登记""造册"都是为了保证历史文化遗产的拥有者——全体中国人民的资产有不断增值的机会。广州美术学院作为艺术类高等专业院校，组织学生投身历史文化遗产保护工作，对全国各地的历史文化遗产进行数字化档案的建设，是我们应尽的义务和责任。2023年春，应贵州省凤冈县政府邀请，广州美术学院历史文化遗产保护团队携30名相关专业学生，对凤冈县41处历史文化遗产开展了数字化工作，形成凤冈县历史文化遗产完备的数据库。现将成果抽取精华部分汇集成册，供专家学者以及从事当地文化遗产管理、修缮工程工作的人员参考使用。[1]

---

① 该前言的主要观点，发表在《历史文化名城名镇名村保护工作通讯》2022年第5期（总137期）39~41页，经作者同意，作为本书的前言。

目 录

第1章

凤冈县历史文化遗产数字化介绍

1.1　凤冈县历史文化遗产数字化概况

遵义市凤冈县位于贵州省北部，下辖 4 个街道办事处、10 个镇、87 个村（社区），县域面积约 1883km²，总人口约 45 万人。凤冈县在元代始建置，为大保龙泉长官司。明代废长官司置龙泉县，民国二年（1913 年）更名凤泉县，民国十九年（1930 年）更名为凤冈县，治所一直位于今凤冈县城。1949 年成立凤冈县人民政府，隶属于遵义地区，后于 1958 年撤县并于湄潭县，1961 年恢复凤冈县建置。

凤冈县在漫长的发展历程中，形成了以汉民族文化为主流、多民族文化交融的地方文化特色。凤冈县的建筑以汉族传统形式为主，保留下来的多为清代中晚期至民国时期的建筑和构筑物。凤冈县的汉族居民多为明清时期来自江西、云南等地的移民，建筑形制杂糅了多种地方特色。如祠堂建筑有受徽州影响的马头墙仪门，民居建筑多为云贵山区的高台干阑形式等。对凤冈县古建筑形式和结构的调查、分析和记录，是研究黔北开发历程的重要基础工作。

近年来，历史文化遗产的数字化保护的方法和理论逐渐成熟，成为遗产保护的主流技术手段。2021 年 9 月，中共中央办公厅、国务院办公厅发布《关于在城乡建设中加强历史文化保护传承的意见》，提出要及时对各类保护对象设立标志牌、开展数字化信息采集和测绘建档、编制专项保护方案。2023 年春，应凤冈县政府邀请，广州美术学院文化遗产保护团队与 30 名相关专业学生一起，对凤冈县 30 处文物保护单位和 11 处历史建筑开展数字化保护工作，名单如表 1-1 所示。

凤冈县历史文化遗产数字化保护对象名单　　　表 1-1

编号	建筑名称	保护等级	所在位置	类型
1	玛瑙山营盘遗址	全国重点文物保护单位	凤冈县绥阳镇玛瑙村官田组	遗址
2	凤冈旧寨红军驻地旧址	贵州省重点文物保护单位	凤冈县天桥镇漆坪村旧寨组	革命文物
3	凤冈红六军团乌江战斗旧址	贵州省重点文物保护单位	凤冈县天桥镇平头溪村平头组、河闪渡村院子组天桥村文丰组	革命文物
4	永安任氏庄园	遵义市文物保护单位	凤冈县永安镇龙山村桃坪组	民居
5	土溪玉皇阁	遵义市文物保护单位	凤冈县土溪镇三河社区街上组	坛庙祠堂
6	龙泉文峰塔	遵义市文物保护单位	凤冈县龙泉街道龙井社区阳光水岸小区	塔
7	大坪石牌坊	遵义市文物保护单位	凤冈县凤翔街道两河口村岩门组	牌坊
8	落水洞字库塔	遵义市文物保护单位	凤冈县王寨镇王寨社区对溪组	塔
9	彰教坝石牌坊	凤冈县文物保护单位	凤冈县花坪街道石盆社区彰教工业园区西侧	牌坊
10	麻院坝文峰塔	遵义市文物保护单位	凤冈县新建镇新建社区麻院坝组	塔
11	木耳厂石牌坊	遵义市文物保护单位	凤冈县凤岭街道两河口村岩门组	牌坊
12	长碛牌坊	遵义市文物保护单位	凤冈县新建镇新建社区长碛组	牌坊
13	文昌牌坊	遵义市文物保护单位	凤冈县凤岭街道六里村文昌组	牌坊
14	盛家寨风雨桥	遵义市文物保护单位	凤冈县绥阳镇玛瑙村水边组	桥
15	付氏宗祠	凤冈县文物保护单位	凤冈县花坪街道鱼跳村客店湾组	坛庙祠堂
16	官坝凉桥	凤冈县文物保护单位	凤冈县土溪镇官坝村团结组	桥
17	官田古寨	凤冈县文物保护单位	凤冈县绥阳镇玛瑙村官田组	民居（寨子）
18	撮基湾字库塔	凤冈县文物保护单位	凤冈县蜂岩镇小河村中华组	塔
19	福坝字库塔	凤冈县文物保护单位	凤冈县新建镇官田村福坝组	塔
20	大堰字库塔	凤冈县文物保护单位	凤冈县进化镇大堰村干劲组	塔
21	练家修旧居	凤冈县文物保护单位	凤冈县绥阳镇永盛社区窑上组	民居
22	安氏宗祠	凤冈县文物保护单位	凤冈县绥阳镇新冈社区核桃窝组	坛庙祠堂
23	李氏宗祠	凤冈县文物保护单位	凤冈县绥阳镇石门村石门组	坛庙祠堂
24	黑溪古寨	凤冈县文物保护单位	凤冈县土溪镇鱼泉村黑溪组	民居（寨子）

编号	建筑名称	保护等级	所在位置	类型
25	张明修旧居	凤冈县文物保护单位	凤冈县花坪街道关口村大龙门组	民居
26	琊川中学教学楼	凤冈县文物保护单位	凤冈县琊川镇偏刀水社区三组	近现代建筑
27	何士光旧居	凤冈县文物保护单位	凤冈县琊川镇偏刀水社区三组	民居
28	太极洞中共地下党第一期干训班遗址	凤冈县文物保护单位	凤冈县何坝街道凌云村会龙桥组	山洞
29	中央红军长征偏刀水指挥部遗址	凤冈县文物保护单位	凤冈县琊川镇偏刀水社区一组	民居
30	红九军团鱼龙山驻地遗址	凤冈县文物保护单位	凤冈县进化镇中心村联合组	遗址
31	凤冈县地税局老宿舍	遵义市历史建筑	凤冈县龙泉镇和平路16-5号	近现代建筑
32	西山坝渡槽	遵义市历史建筑	凤冈县绥阳镇永盛社区西山组	渡槽
33	大砚台石拱桥	遵义市历史建筑	凤冈县绥阳镇砚台村大砚台组	桥
34	节孝碑	遵义市历史建筑	凤冈县绥阳镇砚台村韦庄组	牌坊
35	龙井石拱桥	遵义市历史建筑	凤冈县龙泉街道龙井社区龙井内	桥
36	长碛朱氏宗祠	遵义市历史建筑	凤冈县新建镇新建社区长碛组	坛庙祠堂
37	长碛朱氏新祠	遵义市历史建筑	凤冈县新建镇新建社区长碛组	坛庙祠堂
38	龙塘溪大桥	遵义市历史建筑	凤冈县新建镇新建社区龙塘溪组	桥
39	龙塘溪小桥	遵义市历史建筑	凤冈县新建镇新建社区龙塘溪组	桥
40	七星龙门	遵义市历史建筑	凤冈县琊川镇余粮村杨家寨	构筑物
41	泰山石敢当	遵义市历史建筑	凤冈县琊川镇余粮村杨家寨	构筑物

在凤冈县地方政府和群众的积极配合下，经过两个多月的艰苦工作，团队完成了凤冈县所有的不可移动历史文化遗产的数字化工作。现将主要数字化成果按类别汇集成册，并附以简要的调查文字资料，供专家学者进一步研究使用。

1.2　历史文化遗产数字化的发展背景和技术手段

党中央、国务院历来重视历史文化遗产的保护工作。习近平总书记强调，要保护弘扬中华优秀传统文化，延续城市历史文脉，保留好前人留下的文化遗产。[①] 要保护前人留下的文化遗产，包括文物古迹、历史文化名城名镇名村、历史文化街区、历史建筑、工业遗产以及非物质文化遗产，既要保护古代建筑，也要保护近代建筑，既要保护单体建筑，也要保护街巷街区、城镇格局。

2021 年 9 月，中共中央办公厅、国务院办公厅发布《关于在城乡建设中加强历史文化保护传承的意见》，提出要及时对各类保护对象设立标志牌、开展数字化信息采集和测绘建档、编制专项保护方案，制定保护传承管理办法，做好保护传承工作。近年来，贵州省着力推动历史文化保护传承与城乡建设发展深度融合，创造性转化、创新性发展呈现新气象，目前贵州省共有国家级和省级历史文化名城 9 座、名镇 16 个、名村 28 个，中国传统村落 757 个，中国和省级少数民族特色村寨 1640 个，全国重点文物保护单位 81 处，国家工业遗产 6 项，全球和中国重要农业文化遗产 5 项，国家级和省级非物质文化遗产代表性项目共 727 项 1184 处。同时，贵州省也加大了对历史文化街区、历史建筑的普查和认定力度。目前，全省共核定公布历史文化街区 20 片，确定公布历史建筑 1600 处，与 2015 年相比，历史文化街区的数量翻了 10 倍，历史建筑的数量翻了近 50 倍，实现了历史建筑市县全覆盖，建立了较完善的保护体系。在文化遗产数字化方面，截至 2023 年，贵州省已完成 90% 历史建筑的建

---

① 摘自 2015 年 12 月，习近平总书记在中央城市工作会议上的讲话。

档测绘工作，并要求构建运行有效的贵州城乡历史文化保护传承数字信息体系、建设便于工作管理的数字化平台，为历史文化资源的数据采集、测绘建档、保护传承、动态监管等提供支撑和依据，为资源线索征集、保护对象展示等提供公众互动交流平台。

目前，主流的历史文化遗产数字化的技术，主要包含数据采集和处理、后续成果应用两个方面。数据采集和处理，主要包含地面三维激光扫描技术、无人机航拍、倾斜摄影建模、全景摄影、近景摄影测量、RTK 测量等。后续成果的应用方面，主要包含基于 WEB 的三维可视化技术应用、全景照相及浏览的技术应用、人机交互建三维模型技术应用等。这些数字化的遗产保护技术在国内的发达地区已经得到了比较广泛的使用，有的城市注重与实际工程项目的结合，如上海、烟台；有的城市注重对大众的宣传、科普，如绍兴、泉州；有的城市兼顾历史建筑管理，如广州、杭州等。

第 2 章

营盘千年

　　"营盘"是军营的旧称。贵州省内有众多营盘、营堡等军事遗址。其中，既有官府的防御设施，也有百姓自主防范土匪流寇等而建的设施，还有土匪、起义军的营地。这些遗址作为文物保护单位，反映出封建时期的官、民、匪斗争的复杂历史。

　　贵州省的营盘遗址有遵义市汇川区高坪镇海龙屯土司遗址，桐梓县夜郎镇铧尖山古营盘；贵阳市白云区都拉乡都拉营盘遗址（古营盘公园），观山湖区朱昌镇茶饭寨营盘，花溪区燕楼乡水淹坝营盘、黔陶乡骑龙村古营盘、高坡乡高寨营盘、摆桑营盘，城郊备战路月亮屯营盘、盖冗村营盘、摆古村营盘，开阳县南龙乡佘家营；铜仁市德江县潮砥镇新营地营盘；毕节市金沙县花尖营古营盘；黔南布依族苗族自治州贵定县宝山街道九龙营、威远营、龙山营；黔西南布依族苗族自治州兴义市万屯镇阿红村营盘；安顺市平坝区马场镇沙坝村营盘等。其中，以凤冈县的玛瑙山营盘遗址最具代表性，也是建立时间最早、文物价值最高的一处营盘遗址。

　　贵州省内的一些地名保留有"营盘"的称谓，如六盘水市水城区营盘苗族彝族白族乡、黔南布依族苗族自治州长顺县营盘乡（2014年撤并）、毕节市大方县绿塘乡营盘村等。

2.1　玛瑙山营盘遗址

1. 基础档案

建筑名称：玛瑙山营盘遗址。

建筑地址：凤冈县绥阳镇玛瑙村官田组。

建筑年代：始建于宋代，扩建于清代。

建筑面积：遗址占地 10 万余平方米。

保护等级：全国重点文物保护单位。

2. 建筑简介

　　玛瑙山营盘遗址位于凤冈县绥阳镇玛瑙村官田组，始建于南宋绍兴年间（具体建筑时间不详）。清咸丰年间（1851—1861 年），玛瑙山统领钱青云率地方团练与家族众姓扩建为今天的规模，总面积 10 万余平方米。现存城墙 11000 余米，城门 48 道，地下军事通道（溶洞）2 条共 2000m，场坝（街道）遗址 1 处，练兵场遗址 1 处，石碾槽 1 个，石碓窝 38 个。另有钱青云庄园 1 处，内有遗址、遗物若干。

　　玛瑙山营盘遗址巧妙利用山、崖、洞、水等自然条件，周密考虑了攻、防、退、守。七山连接，七营贯通，营门、炮台环绕四周，碉堡、瞭望台伫立于山上。地上为八卦阵图，地下有溶洞[1]，与地面工事相连，是我国目前已知最复杂、布局合理的军事洞堡。在近代战争史上，在贵州全省营盘中，堪称精品，被专家誉为"中国古代军事建筑史上的奇葩"，具有很高的军事研究价值、科学价值和文物价值。

　　1992 年 6 月 2 日公布为第二批县级文物保护单位，公布名称为"绥阳区玛瑙山营盘"。1999 年 12 月 21 日公布为第三批省级文物保护单位，公布名称为"凤冈玛瑙山营盘遗址"。2019 年 10 月 7 日，国务院公布为第八批全国重点文物保护单位，公布名称为"玛瑙山营盘遗址"。

3. 建筑影像（图 2-1~ 图 2-3）

图 2-1　玛瑙山营盘遗址中营盘局部鸟瞰图

图 2-2　玛瑙山营盘遗址西营盘局部鸟瞰图

图 2-3 玛瑙山营盘遗址安家营盘局部鸟瞰图

4. 倾斜摄影三维实景模型（图 2-4）

图 2-4 玛瑙山营盘遗址安家营盘三维实景模型

第3章

红色风采

红军曾两度踏足凤冈这片土地，留下了英勇的战斗传说。1934年10月，红六军团在石阡甘溪遭受敌军围攻，其中红十八师五十二团一部被迫转战至凤冈天桥一带。善良淳朴的凤冈人民给予了红军帮助和救护。1935年1月，为了保障遵义会议的顺利召开，红九军团两百多人领命进驻偏刀水（今琊川），并建立了"偏刀水苏维埃"革命政权，打土豪、分田地，播下了革命的火种。

红军在凤冈留下的红色足迹，不仅在空间上留下了印记，而且也深深地刻在了历史的长河中。这些印记包括凤冈红六军团乌江战斗旧址、凤冈旧寨红军驻地旧址、太极洞中共地下党第一期干训班遗址、中央红军长征偏刀水指挥部遗址以及红九军团鱼龙山驻地遗址。这些地方不仅仅是历史的见证，更是对那段充满艰辛的岁月最好的诠释。

3.1　凤冈红六军团乌江战斗旧址

1. 基础档案

建筑名称：凤冈红六军团乌江战斗旧址·平头溪驻地旧址。

建筑地址：凤冈县天桥镇平头溪村平头组。

建筑年代：清代～民国。

建筑面积：921.84m^2。

建筑结构：木结构。

保护等级：省级文物保护单位。

2. 建筑简介

凤冈红六军团乌江战斗旧址·平头溪驻地旧址位于凤冈县天桥镇平头溪村平头组，由吴钦奎老宅（东宅和西宅）、吴钦江老宅、安永坤老宅、董吉明老宅、吴自修老宅六栋纯木质结构单体建筑组成。其中吴钦奎西宅和吴自修老宅建筑年代较早，为清中期。平头溪驻地旧址占地面积 1360m²，建筑面积 920m²。1934 年 10 月 7 日，任弼时、萧克、王震率领的红六军团长征先遣队在石阡甘溪突遭湘、桂、黔联军的伏击，前卫部队仓促应战后突围出甘溪。于 1934 年 10 月 12 日傍晚转战到河闪渡一带，红军渡江未成，又向瓮溪司方向转移。10 月 13 日下午，负责红六军团后卫的红十八师五十三团，在团长李松仁的带领下迷路误到平头溪，在平头溪街上的安永坤、董吉明、吴钦江、吴自修、吴钦奎几家借宿一晚，当晚红军的临时指挥部设在吴自修家。10 月 14 日一早，红军在船工吴钦奎、王绍云的帮助下，过江前往瓮溪司方向追赶主力部队。[2]-[5]

平头溪驻地旧址是长征时期红军在凤冈开展革命活动的真实见证，对于弘扬革命传统教育、爱国主义教育，增强爱国情感，培育民族精神，带动革命老区经济社会协调发展，具有重要的现实意义和深远的历史意义。2018 年 11 月 16 日公布为第六批县级文物保护单位；2020 年 2 月 18 日公布为第三批市级文物保护单位；2021 年 6 月 17 日公布为第六批（增补）省级文物保护单位；2021 年 6 月 21 日公布为贵州省第一批革命文物。

3. 建筑影像（图 3-1~ 图 3-5）

图 3-1　凤冈红六军团乌江战斗旧址鸟瞰图

图 3-2　凤冈红六军团乌江战斗旧址北向立面图

图 3-3　凤冈红六军团乌江战斗旧址牌坊

4. 三维点云模型（图 3-6）

图 3-6　三维点云立面切片图

图 3-4 凤冈红六军团乌江战斗旧址木雕细部

图 3-5 凤冈红六军团乌江战斗旧址梁架

5. 建筑测绘图（图3-7~图3-10）

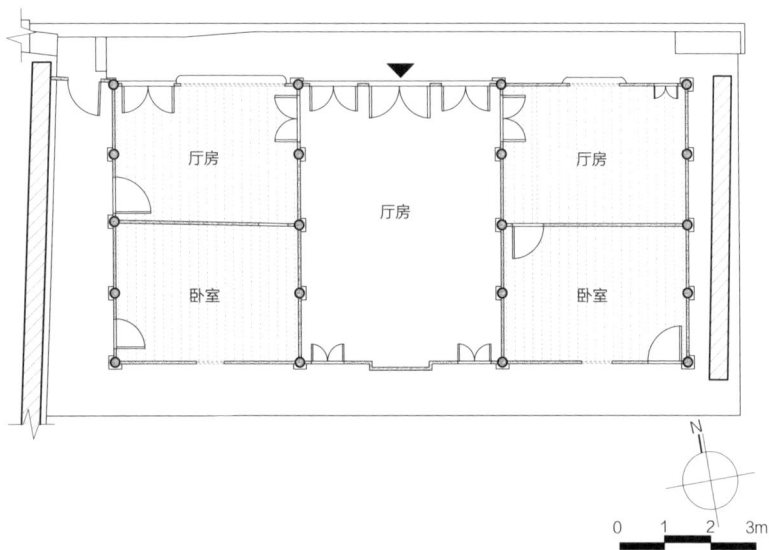

图3-7 1号建筑平面测绘图

图3-8 1号建筑正立面测绘图

0　1　2　3m

图 3-9　2 号建筑正立面测绘图

0　1　2　3m

图 3-10　3 号建筑正立面测绘图

3.2 凤冈旧寨红军驻地旧址

1. 基础档案

建筑名称：凤冈旧寨红军驻地旧址。

建筑地址：凤冈县天桥镇漆坪村旧寨组。

建筑年代：清代。

建筑面积：63m^2。

建筑结构：木结构。

保护等级：省级文物保护单位。

2. 建筑简介

凤冈旧寨红军驻地旧址位于凤冈县天桥镇漆坪村旧寨组，为穿斗式木结构歇山青瓦顶建筑。

1934年10月18日晚，红六军团18师52团约有130余名红军在新渡口附近渡过乌江，有30余名伤员驻扎在旧寨庙湾庙里。翌日，这批红军由旧寨赶往余庆。另100余名红军沿旧寨、彭家寨、徐家寨顺坡而上，于当晚到达漆树坪街上驻扎，尔后又去余庆腊水桥一带开展革命活动。驻扎在旧寨庙湾庙养伤的30余名红军奉命去天生桥与大部队会合后，从河闪渡返回石阡追赶大部队。[2]-[6]

凤冈旧寨红军驻地旧址是长征时期红军在凤冈开展革命活动的真实见证，是民族文化的物质体现。加强革命遗址、遗迹的保护和管理，对于加强革命传统的宣传和教育、提高群众尤其是青少年群体的爱国主义情感、弘扬民族精神、促进革命老区发展，都有着积极深远的意义。

凤冈旧寨红军驻地旧址于2016年5月9日公布为第五批县级文物保护单位。2018年7月31日公布为第六批省级文物保护单位。

3. 建筑影像（图 3-11~ 图 3-15）

图 3-11 凤冈旧寨红军驻地旧址鸟瞰图

图 3-12 凤冈旧寨红军驻地旧址透视图

图 3-13 凤冈旧寨红军驻地旧址东南向立面图

图 3-14 凤冈旧寨红军驻地旧址西南向立面图

图 3-15 凤冈旧寨红军
驻地旧址外墙漏花窗

4. 三维点云模型（图 3-16~ 图 3-18）

图 3-16 建筑整体三维点云模型

图 3-17　三维点云剖面切片图

图 3-18　三维点云平面切片图

5. 建筑测绘图（图 3-19~ 图 3-22）

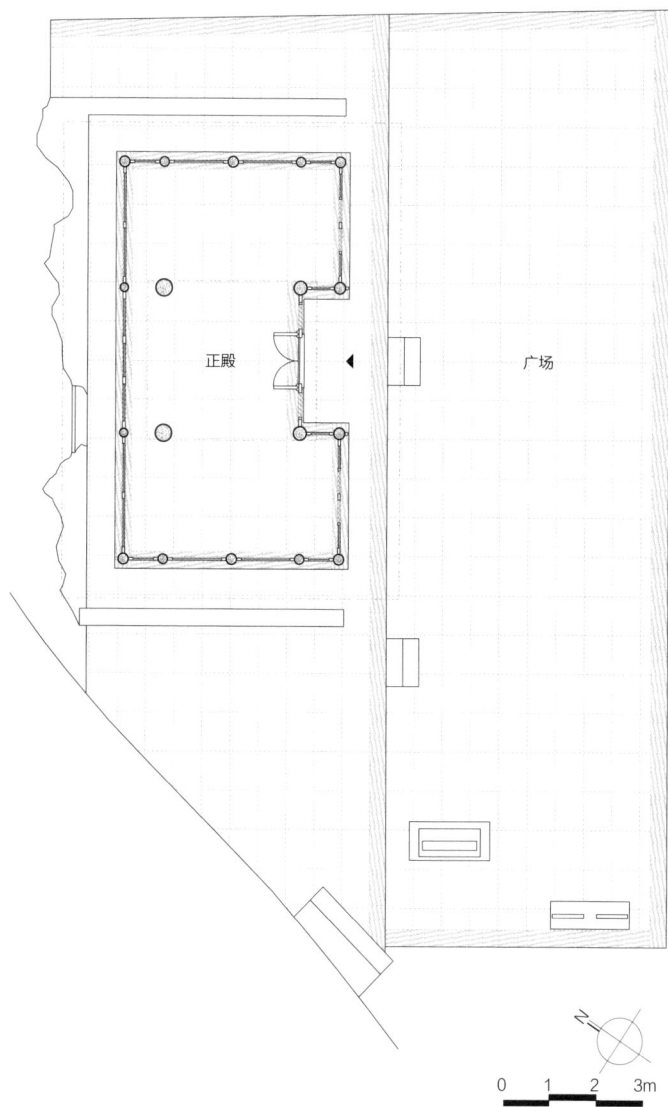

正殿

广场

N

0 1 2 3m

图 3-19 建筑平面测绘图

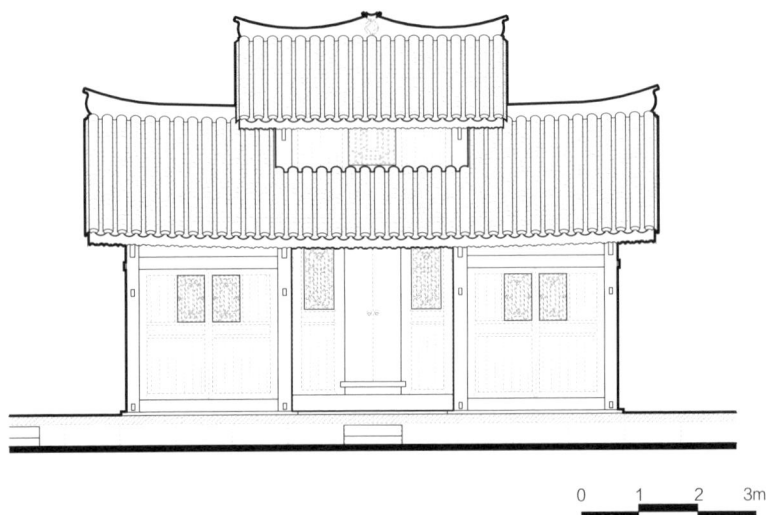

0 1 2 3m

图 3-20　建筑正立面测绘图

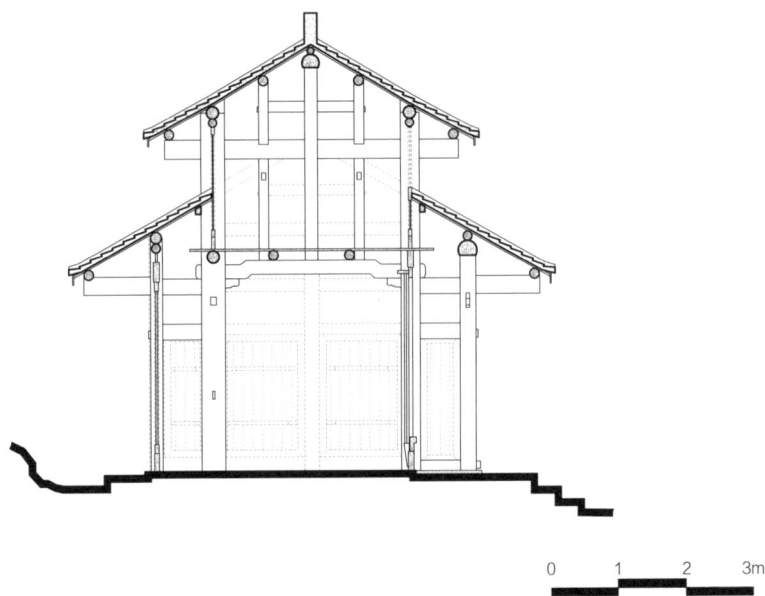

0 1 2 3m

图 3-21　建筑剖面测绘图

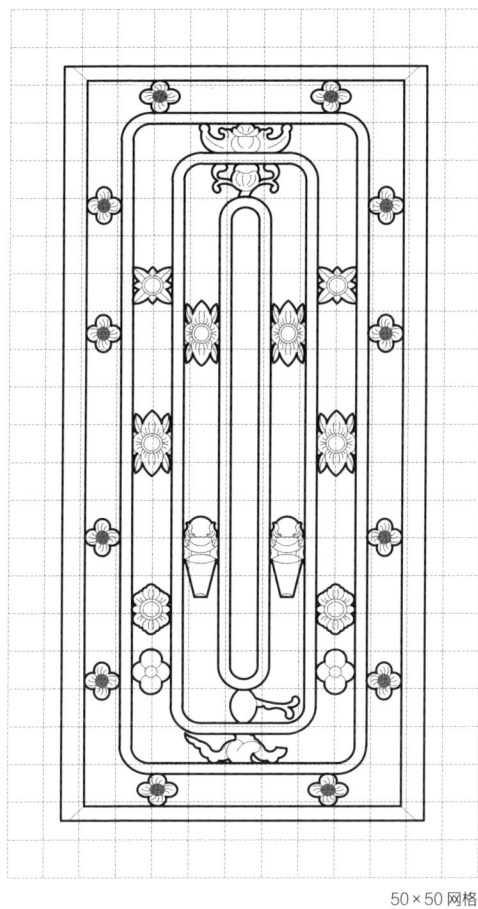

50×50 网格

0　　　　　　0.2　　　　　　0.4　　　　　　0.6m

图 3-22　建筑漏花窗大样测绘图

3.3 太极洞中共地下党第一期干训班遗址

1. 基础档案

建筑名称：太极洞中共地下党第一期干训班遗址。

建筑地址：凤冈县何坝街道凌云村会龙桥组。

建筑面积：1800m²。

保护等级：县级文物保护单位。

2. 建筑简介

太极洞中共地下党第一期干训班遗址位于凤冈县何坝街道凌云村会龙桥组，建筑面积1800m²。1939年3月，原遵绥湄红军游击队骨干何恩余（石果）、陈光型率领中共湄潭党总支的20余人以烧香拜佛作掩护，在太极洞举办了第一期党员干部培训班。这些学员白天利用太极洞顶部照射进入洞内的亮光学习，晚上开展军事训练。学习内容包括：《新华日报》发表的文章，《列宁主义概论》《支部工作概要》《当前的形势和任务》等。干部培训班结束，参加培训的人员分别被下派到湄潭与凤冈接壤地带（含凤冈境内的新街、长安屯、太极洞、竹坝坪、黄荆村），在广大农村组织开展农民运动，在宣传中国共产党的政策和主张、建立农民协会等方面发挥了骨干带头作用。这是中国共产党的一个地下组织从事革命活动的秘密据点，对于中国共产党党员干部培训史研究具有重大的价值和意义。[2]-[5] 2016年5月9日，该遗址被公布为第五批县级文物保护单位；2021年6月21日被公布为贵州省第一批革命文物。

3. 建筑影像（图 3-23~ 图 3-28）

图 3-23　太极洞中共地下党第一期干训班遗址正摄影像

图 3-24　太极洞中共地下党第一期干训班遗址西北向全貌

图 3-25　太极洞中共地下党第一期干训班遗址洞口

图 3-26　太极洞中共地下党第一期干训班遗址透视图

图 3-27　太极洞中共地下党第一期干训班遗址碑刻

图 3-28　太极洞中共地下党第一期干训班遗址入口

4. 三维点云模型（图3-29、图3-30）

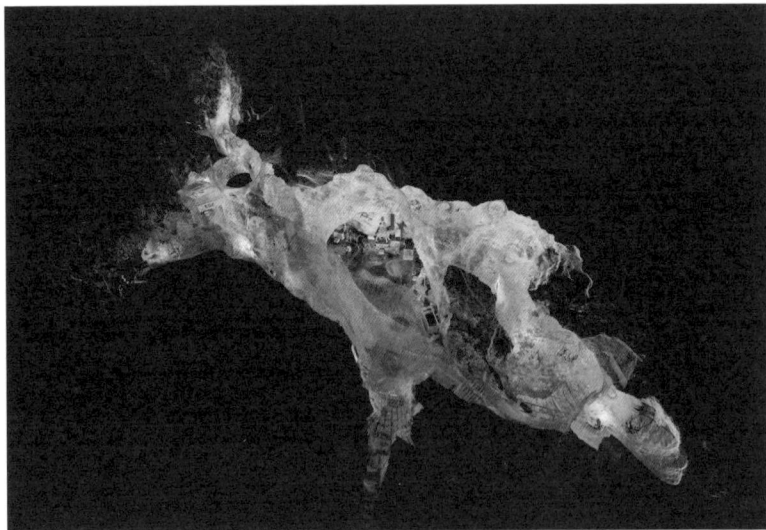

图 3-29　整体三维点云模型

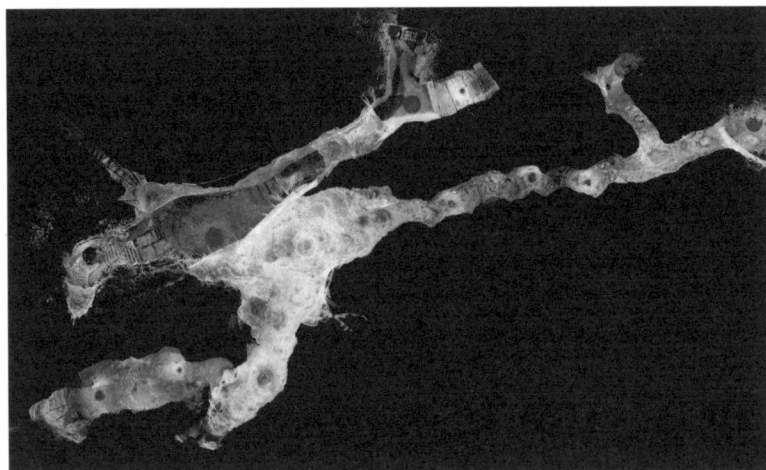

图 3-30　三维点云平面切片图

3.4 中央红军长征偏刀水指挥部遗址

1. 基础档案

建筑名称：中央红军长征偏刀水指挥部遗址。

建筑地址：凤冈县琊川镇偏刀水社区一组。

占地面积：800m^2。

建筑结构：木结构。

保护等级：县级文物保护单位。

2. 建筑简介

中央红军长征偏刀水指挥部遗址位于遵义市凤冈县琊川镇偏刀水社区一组，占地面积800m^2。原指挥部为穿斗式歇山顶木构建筑，小青瓦盖顶，大小四合院各一个，属私人住宅，自然损毁后被全部拆毁。现存遗址总面积402.9m^2，其中面阔8.5m，进深47.4m，残墙高3.8m，长39m。

1935年1月14日，中央红军红九军团的200余名干部战士奉命从湄潭经杉树坳、张家大土进入偏刀水（今琊川镇）。几名红军指挥员住在刘定伦家，其余干部战士分别驻扎在上街猪市坝旁边的李绍周家、中街烟行的刘帮亮家以及下街的刘文超家。1935年1月14日下午~1月15日下午，红军组织召开民众大会，指导成立了偏刀水苏维埃政府并设立指挥部，组织群众捣毁了偏刀水厘金征收处，将地主老财和土豪劣绅的财物没收后分发给当地群众。[2]-[5]

中央红军长征偏刀水指挥部遗址于2016年4月27日公布为第五批县级文物保护单位。

3. 建筑影像（图3-31~图3-34）

图 3-31 中央红军长征偏刀水指挥部遗址鸟瞰图

图 3-32 中央红军长征偏刀水指挥部遗址西向立面图

图 3-33 中央红军长征偏刀水指挥部遗址东向立面图

图 3-34 中央红军长征偏刀水指挥部遗址室内透视图

4. 三维点云模型（图 3-35、图 3-36）

图 3-35　建筑整体三维点云模型

图 3-36　三维点云立面切片图

5. 建筑测绘图（图 3-37、图 3-38）

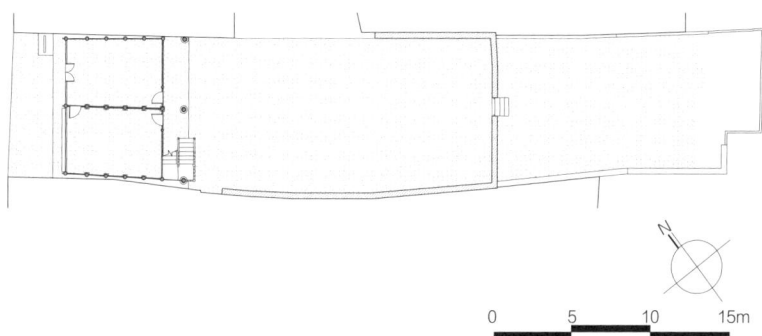

图 3-37　建筑平面测绘图

图 3-38　建筑正立面测绘图

3.5 红九军团鱼龙山驻地遗址

1. 基础档案

建筑名称：红九军团鱼龙山驻地遗址。

建筑地址：凤冈县进化镇中心村联合组。

建筑面积：$23m^2$。

建筑结构：木结构。

保护等级：县级文物保护单位。

2. 建筑简介

红九军团鱼龙山驻地遗址位于凤冈县进化镇中心村联合组。

驻地遗址坐南朝北，面阔三间两层，穿斗式悬山顶小青瓦木结构房屋。20 世纪 80 年代初期驻地遗址垮塌，90 年代初期当地群众自发捐款仅恢复了一间木构房屋供奉菩萨，供附近的信教群众烧香拜佛。当年红军宿营的鱼龙山寺寺庙的基址、通往寺庙的青石踏步和青石围墙保存较好。

2018 年 11 月 6 日公布为第六批县级文物保护单位。

3. 建筑影像（图 3-39～图 3-43）

图 3-39　红九军团鱼龙山驻地遗址东北向鸟瞰图

图 3-40　红九军团鱼龙山驻地遗址南向鸟瞰图

图 3-41 红九军团鱼龙山驻地遗址透视图

图 3-42 红九军团鱼龙山驻地遗址石阶 1

图 3-43 红九军团鱼龙山驻地遗址石阶 2

4. 三维点云模型（图3-44）

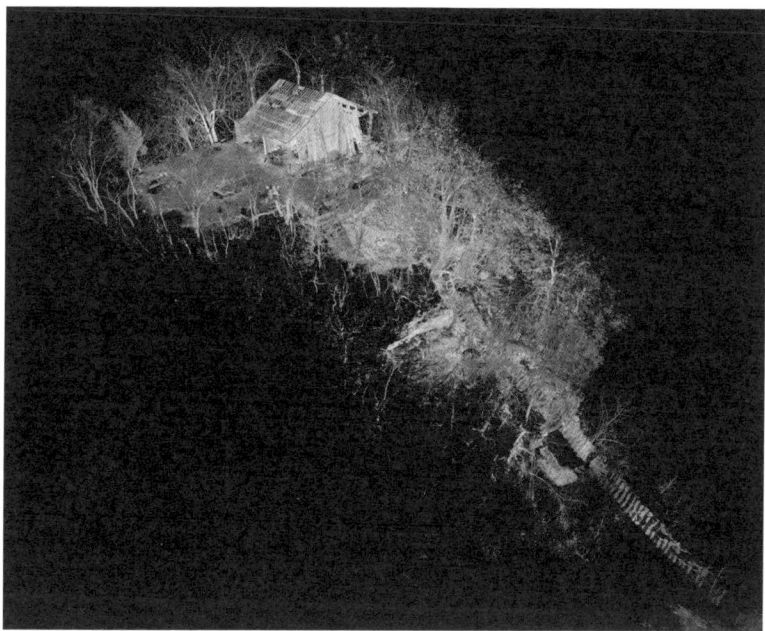

图3-44　建筑整体三维点云模型

第4章

祠庙传家

宗祠建筑作为汉文化的礼制建筑，承载着祖先崇拜的信仰，是中国传统文化中重要的一部分。在中国古代社会，宗祠是家族祭祀的场所，也是传承家族血脉、弘扬家族文化的重要场所。凤冈宗祠建筑以汉文化的营造传统为主要特征，同时受到了巴、楚等地少数民族文化的影响，形成了独特的风格。

在凤冈宗祠建筑中，山墙和正门是最具特色的部分，采取与徽派建筑相似的马头墙形式。马头墙是徽派建筑中常见的装饰元素，象征家族的威严和荣耀。在凤冈宗祠建筑中，马头墙的装饰经过一定的发展，更加符合当地的文化特色。

除了与徽派建筑有关，凤冈宗祠建筑也与楚文化中的审美趣味有关。一些建筑的出檐深远，翼角起翘高扬，给人一种独特的感觉。这种形式的出檐和翼角起翘的设计在楚文化中较为常见，它体现了楚地人民对生活的热爱和对美的追求。

在凤冈宗祠建筑的材料选择上，大多采用就地取材的方式。建筑结构以石木结构为主，少数使用青砖进行建造。这种使用当地材料的做法符合中国传统建筑的特点，也是一种对资源的合理利用。[7]

4.1 土溪玉皇阁

1. 基础档案

建筑名称：土溪玉皇阁。

建筑地址：凤冈县土溪镇三河社区街上组。

建筑年代：清代。

建筑面积：80m²。

建筑结构：木结构。

保护等级：市级文物保护单位。

2. 建筑简介

　　土溪玉皇阁位于凤冈县土溪镇三河社区街上组。由乡绅吴汉宣于清光绪年间组织乡民筹资修建，通高 15m，穿斗式四重檐木结构，原系筒瓦盖顶，民国初改为青瓦。向上逐级收分，第一层屋面为四阿顶，二至四层为六角攒尖顶。阁楼面阔 8.7m，进深 8.3m，底层由大小 18 根立柱组成方形。

　　1983 年 3 月 23 日公布为第一批县级文物保护单位。2003 年 12 月 5 日公布为第一批市级文物保护单位。

3. 建筑影像（图 4-1~ 图 4-5）

图 4-1　土溪玉皇阁鸟瞰图

图 4-2　土溪玉皇阁北立面图

图 4-3　土溪玉皇阁南立面图

图 4-4　土溪玉皇阁屋顶细部

图 4-5　土溪玉皇阁漏花窗细部

4. 三维点云模型（图4-6、图4-7）

图4-6　三维点云平面切片图

图 4-7　三维点云立面切片图

5. 建筑测绘图（图 4-8~ 图 4-10）

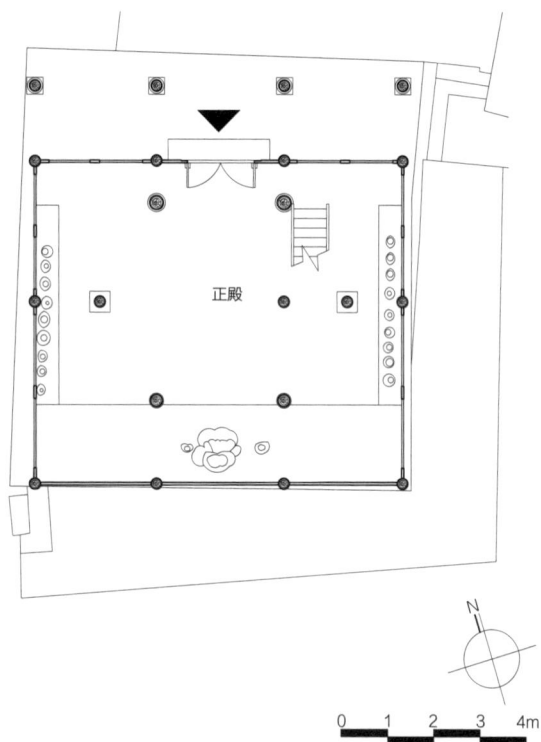

图 4-8　建筑平面测绘图

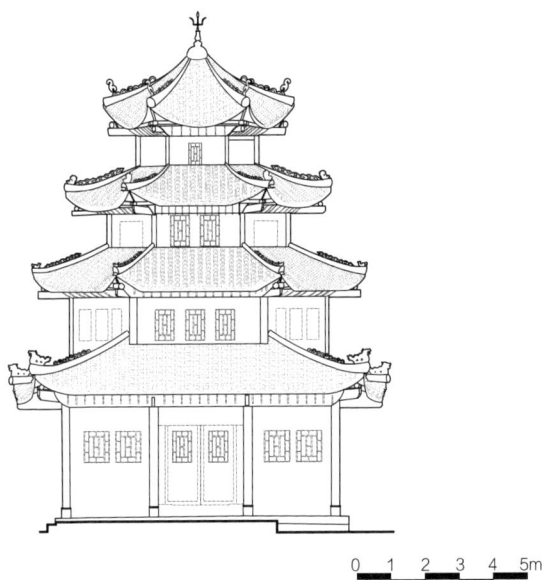

0　1　2　3　4　5m

图 4-9　建筑正立面测绘图

0　1　2　3　4　5m

图 4-10　建筑剖面测绘图

4.2 李氏宗祠

1. 基础档案

建筑名称：李氏宗祠。

建筑地址：凤冈县绥阳镇石门村石门组。

建筑年代：清代。

建筑面积：125m^2。

建筑结构：木结构。

保护等级：县级文物保护单位。

2. 建筑简介

  李氏宗祠位于凤冈县绥阳镇石门村石门组，修建于清代中期或末期，具体建筑年代不详。分为上殿、中殿、下殿，占地面积1000m^2，穿斗式歇山顶木结构建筑，小青瓦盖顶。围墙高 6m 左右，用青砖砌筑。20 世纪 60、70 年代遭到破坏。目前，下殿已不存在，上殿、中殿依然保存较好。

  2009 年 9 月 27 日公布为第四批县级文物保护单位。

3. 建筑影像（图 4-11~ 图 4-17）

图 4-11　李氏宗祠东北向鸟瞰图

图 4-12　李氏宗祠东南向鸟瞰图

图 4-13　李氏宗祠立面透视图

图 4-14　李氏宗祠正立面图

图 4-15 李氏宗祠侧立面图

图 4-16 李氏宗祠马头墙

图 4-17 李氏宗祠梁架

4. 三维点云模型（图 4-18~ 图 4-20）

图 4-18　三维点云正立面切片图

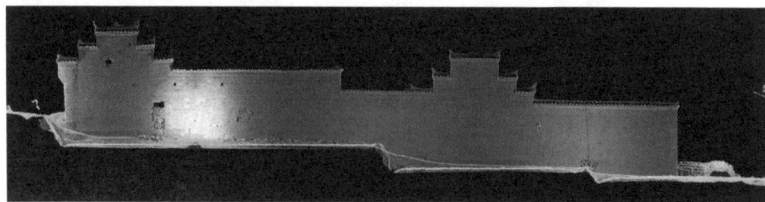

图 4-19　三维点云侧立面切片图

图 4-20　三维点云剖面切片图

5.建筑测绘图（图4-21、图4-22）

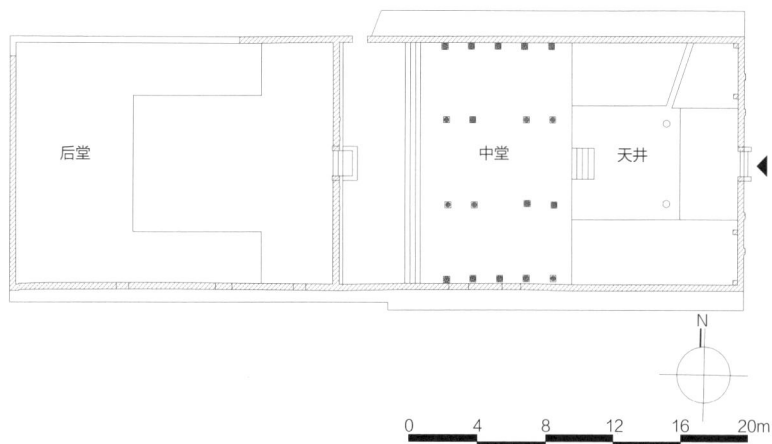

后堂

中堂　天井

N

0　4　8　12　16　20m

图 4-21　建筑平面测绘图

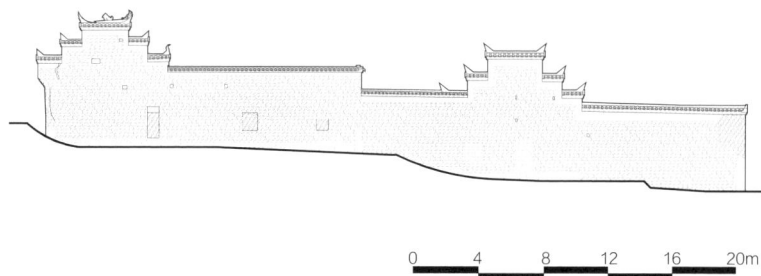

0　4　8　12　16　20m

图 4-22　建筑侧立面测绘图

4.3 安氏宗祠

1. 基础档案

建筑名称：安氏宗祠。

建筑地址：凤冈县绥阳镇新冈社区核桃窝组。

建筑年代：清代。

建筑面积：371m^2。

建筑结构：砖木结构。

保护等级：县级文物保护单位。

2. 建筑简介

安氏宗祠位于凤冈县绥阳镇新冈社区核桃窝组，坐西向东，修建于清代，具体建筑年代不详。宗祠分为上殿、中殿、下殿。现存中殿和下殿2栋房屋；一栋为木房，抬梁式木结构；一栋为砖混结构，用青石青砖修筑，小青瓦盖顶。围墙高6m左右，用青石青砖砌筑。

宗祠内有3通石碑。一通为"义固碑记"，竖立于清代嘉庆十九年（1814年）；一通为"世宋勿替"，竖立于清代光绪五年（1879年）；另一通为"永记不朽"，竖立时间不详。

2009年9月27日公布为第四批县级文物保护单位。

3. 建筑影像（图4-23~图4-28）

图4-23 安氏宗祠南向鸟瞰图

图4-24 安氏宗祠西向鸟瞰图

图4-25 安氏宗祠正立面图

图4-26 安氏宗祠侧立面图

图4-27 安氏宗祠中殿梁架

图4-28 安氏宗祠上殿木雕细部

4. 三维点云模型（图 4-29~图 4-31）

图 4-29　建筑整体三维点云鸟瞰图

图 4-30　三维点云立面切片图

图 4-31　三维点云剖面切片图

5. 建筑测绘图（图4-32~图4-36）

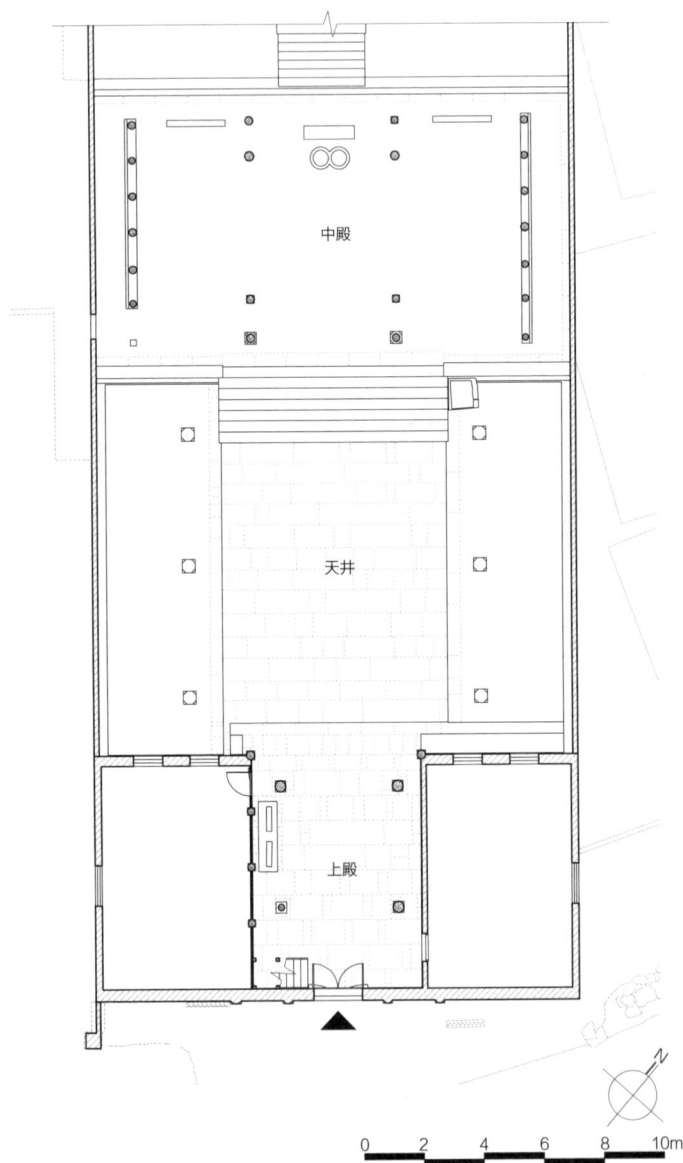

中殿

天井

上殿

0　2　4　6　8　10m

图4-32　建筑平面测绘图

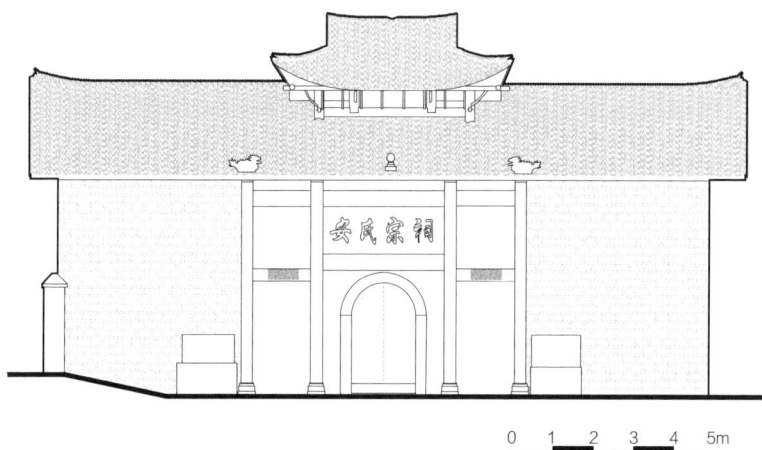

图 4-33　建筑正立面测绘图

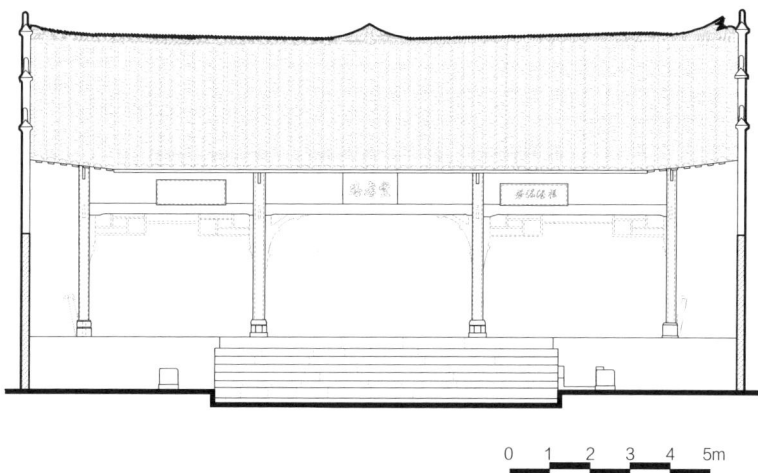

图 4-34　建筑中殿正立面测绘图

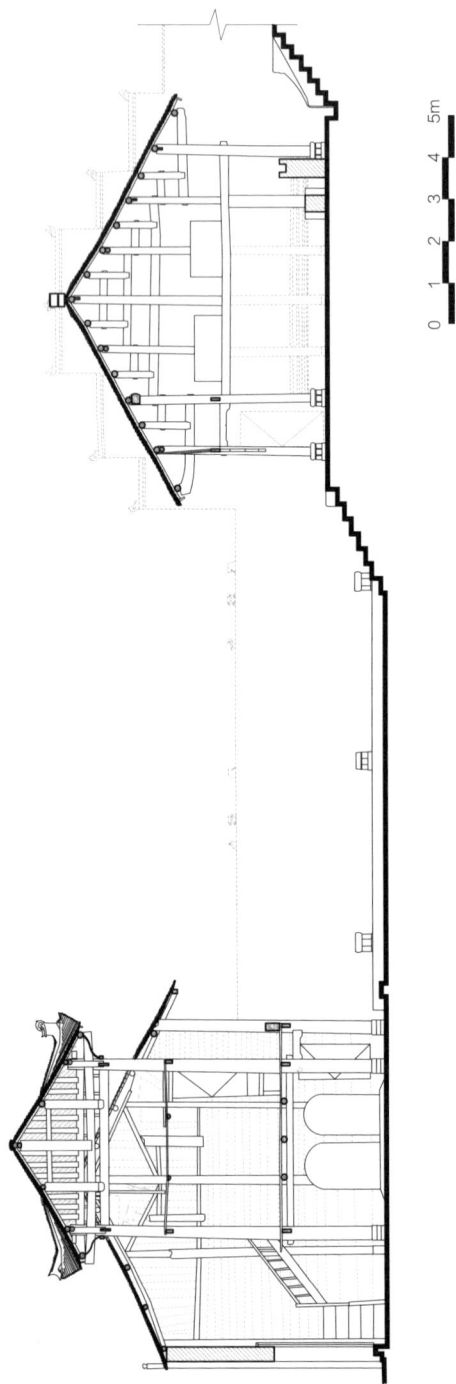

图 4-35 建筑剖面测绘图

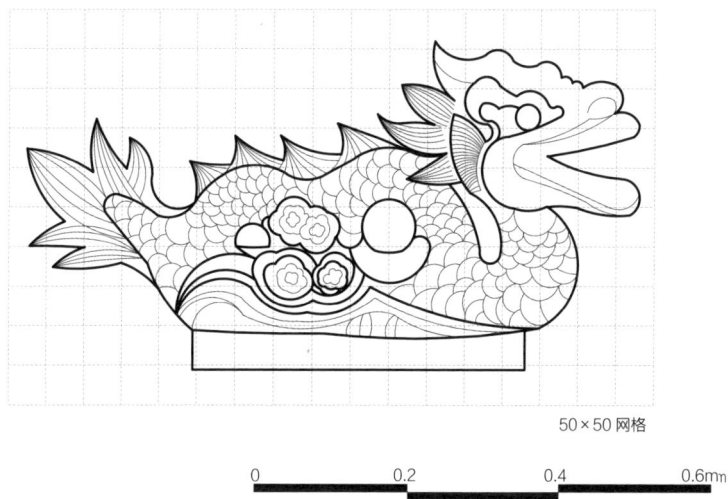

50×50 网格

0   0.2   0.4   0.6m

图 4-36　建筑雕塑大样测绘图

4.4　付氏宗祠

1. 基础档案

建筑名称：付氏宗祠。

建筑地址：凤冈县花坪街道鱼跳村客店湾组。

建筑年代：清代。

建筑面积：$341m^2$。

建筑结构：砖木结构。

保护等级：县级文物保护单位。

2. 建筑简介

　　付氏宗祠位于凤冈县花坪街道鱼跳村客店湾组，坐东向西，长方形，修建于清代，占地面积$600m^2$。原宗祠内为抬檩式歇山顶建筑，小青瓦盖顶，一正两厢设计，建筑物因自然腐蚀而全部损毁。宗祠现存四周墙体，高 20m 左右，用青石青砖砌筑。付氏宗祠为研究付氏家族的生息繁衍提供了重要的实物资料。

　　付氏宗祠于 1993 年 2 月 1 日公布为第二批县级文物保护单位。

3. 建筑影像（图 4-37~ 图 4-40）

图 4-37　付氏宗祠西向鸟瞰图

图 4-38　付氏宗祠南向鸟瞰图

图4-39　付氏宗祠正立面图

图4-40　付氏宗祠牌楼式门楼细部

4. 三维点云模型（图 4-41）

图 4-41　三维点云立面切片图

5. 建筑测绘图（图 4-42）

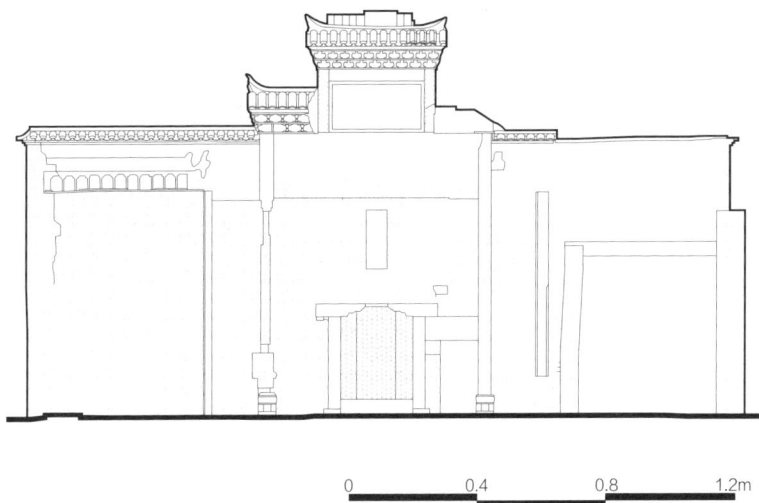

0　　　　0.4　　　　0.8　　　　1.2m

图 4-42　建筑正立面测绘图

4.5 长碛朱氏新祠

1. 基础档案

建筑名称：长碛朱氏新祠。

建筑地址：凤冈县新建镇新建社区长碛组。

建筑年代：19 世纪 40 年代。

建筑面积：590m^2。

建筑结构：木结构。

保护等级：历史建筑。

2. 建筑简介

朱氏新祠始建于清道光二十八年（1848 年），占地面积为 518m^2，其建筑风格与总祠相似，拥有上下两个大殿，两侧还配有厢房。祠堂的中央设有一个细沙铺成的天井坝，显得格外精致。祠堂正中央悬挂着一匾额，上面刻有"肃永谟前"四个涂金大字，显示出朱氏家族的庄重和历史底蕴。这里曾经是朱氏家族举办私塾、学堂的场所，见证了朱氏家族的教育传承。

在 1925 年至 1935 年期间，朱氏新祠成为国民党贵州二十五军十二团十二营营长朱辅臣（当地人称朱营长）的兵营。这段时间里，新祠成为军事重地，见证了历史的风云变幻。

1935 年至 1940 年间，新祠的下殿右侧还曾开设过染坊，用以生产军需物资。这段历史揭示了当时社会的经济与军事之间的关系，也展示了朱氏家族在历史变迁中的适应与变革。

2016 年，由县人民政府争取项目资金对宗祠进行了全面修复。

3. 建筑影像（图 4-43~ 图 4-49）

图 4-43　长碛朱氏新祠鸟瞰图

图 4-44　长碛朱氏新祠庭院透视图

图 4-45　长碛朱氏新祠立面透视图

图 4-46　长碛朱氏新祠正立面图

图 4-47　长碛朱氏新祠头门屋顶

图 4-48　长碛朱氏新祠梁架

图 4-49　长碛朱氏新祠月梁与雀替

4. 三维点云模型（图 4-50~图 4-53）

图 4-50 建筑整体三维点云鸟瞰图

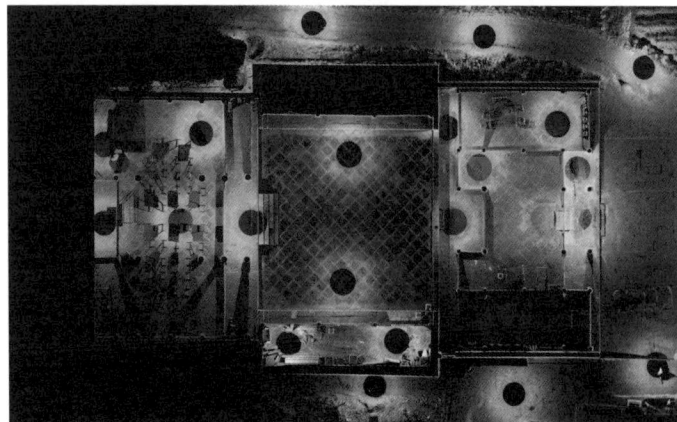

图 4-51 三维点云平面切片图

图 4-52　三维点云立面切片图

图 4-53　三维点云剖面切片图

5. 建筑测绘图（图4-54、图4-55）

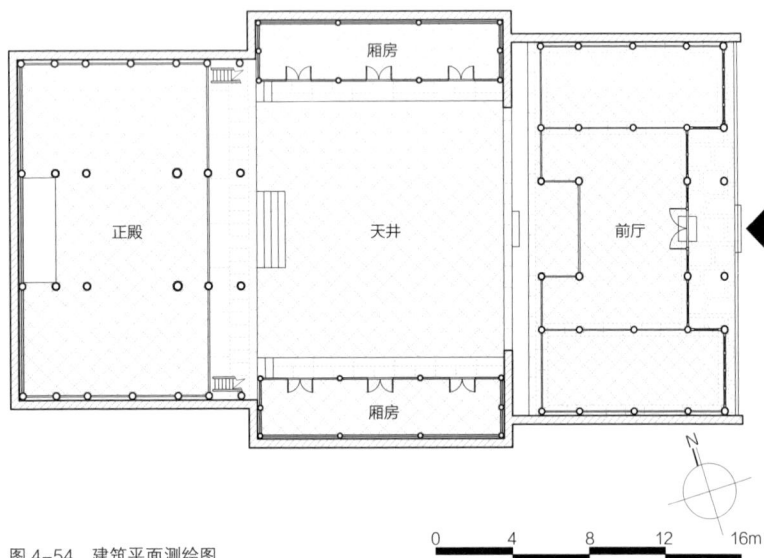

图4-54　建筑平面测绘图

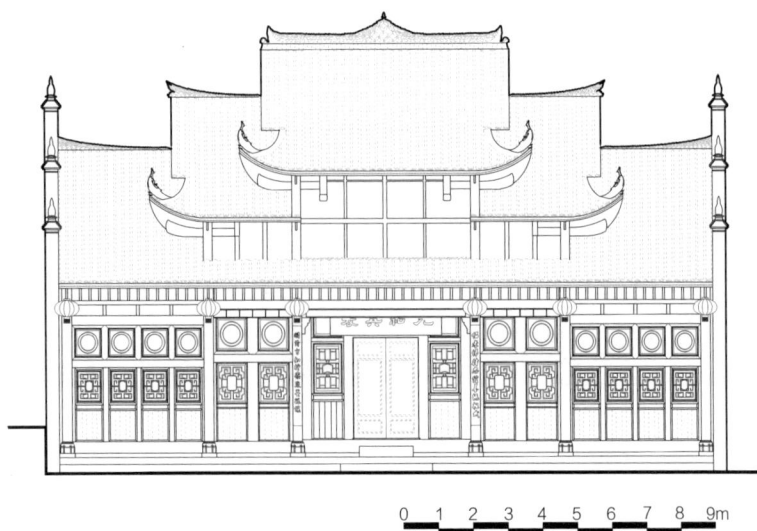

图4-55　建筑正立面测绘图

4.6 长碛朱氏宗祠

1. 基础档案

建筑名称：长碛朱氏宗祠。

建筑地址：凤冈县新建镇新建社区长碛组。

建筑年代：19 世纪 20 年代。

建筑面积：518m^2。

建筑结构：砖木结构。

保护等级：历史建筑。

2. 建筑简介

朱氏宗祠始建于清道光八年（1828 年），拥有悠久的历史底蕴。这座占地 590m^2 的建筑，不仅是朱氏家族供奉和祭祀祖先的圣地，也是族长行使族权的地方。在那个时候，如果族人违反了族规，会在这里接受教导和受到惩罚，甚至被驱逐出宗祠。

中华人民共和国成立后，1949 年 12 月，朱氏宗祠成为了解放军工作队的驻地。随后，长碛村委会办公室也设立在这里。1955 年，宗祠成为加工桐油和菜籽油的场所。然而，一次意外的火灾使得祠堂的部分区域被焚烧，2016 年，由县人民政府争取项目资金对宗祠进行了全面修复。

修复后的朱氏宗祠，其功能发生了变化。它成为长碛大队的仓库，同时也是召开会议、县电影队放电影的场所。尽管经历了岁月的洗礼，但这座建筑始终保持着其重要的历史地位，见证了朱氏家族和长碛村庄的变迁和发展。

3. 建筑影像（图4-56~图4-61）

图4-56　长碛朱氏宗祠南向鸟瞰图

图4-57　长碛朱氏宗祠东向鸟瞰图

图 4-58 长碛朱氏宗祠正立面

图 4-59 长碛朱氏宗祠侧立面

图 4-60 长碛朱氏宗祠马头墙

图 4-61 长碛朱氏宗祠梁架

4. 三维点云模型（图 4-62~图 4-65）

图 4-62　建筑整体三维点云鸟瞰图

图 4-63　三维点云正立面切片图

图 4-64　三维点云侧立面切片图

图 4-65　三维点云剖面切片图

5. 建筑测绘图（图4-66~图4-72）

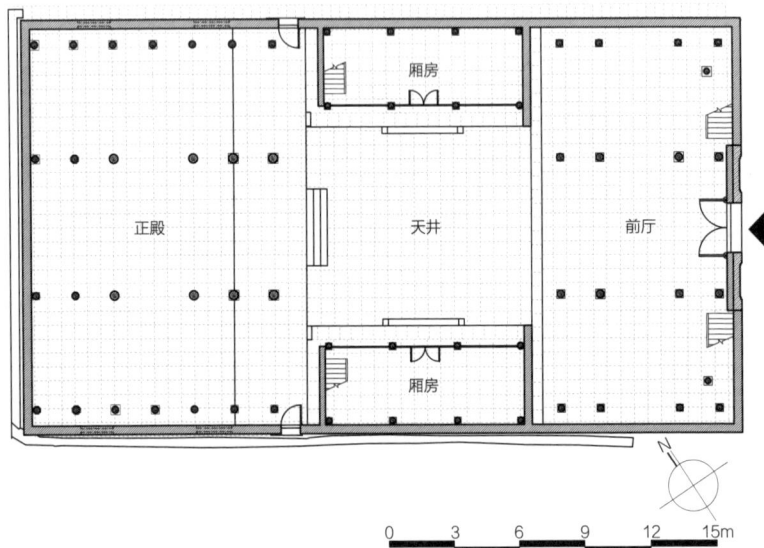

图4-66 建筑平面测绘图

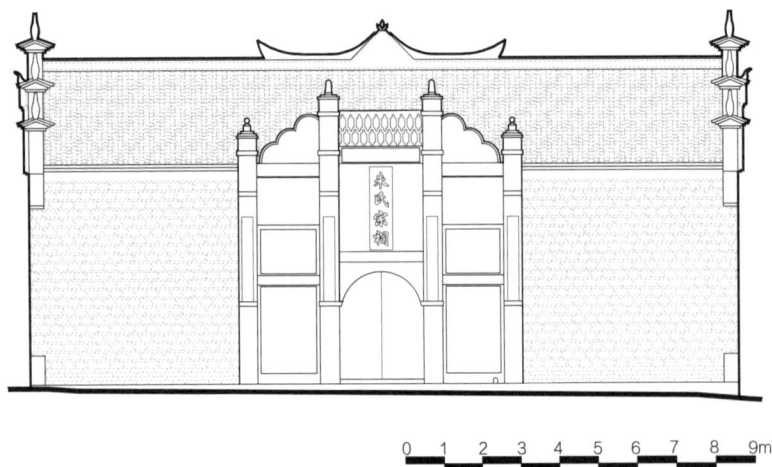

图4-67 建筑正立面测绘图

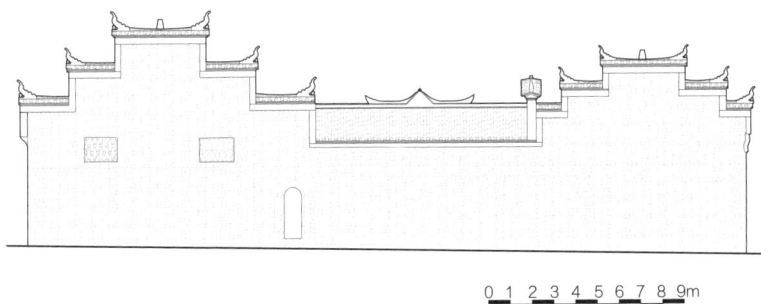

0 1 2 3 4 5 6 7 8 9m

图 4-68　建筑侧立面测绘图

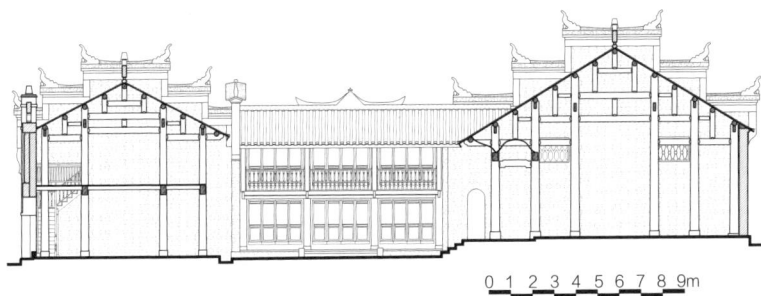

0 1 2 3 4 5 6 7 8 9m

图 4-69　建筑明间剖面测绘图

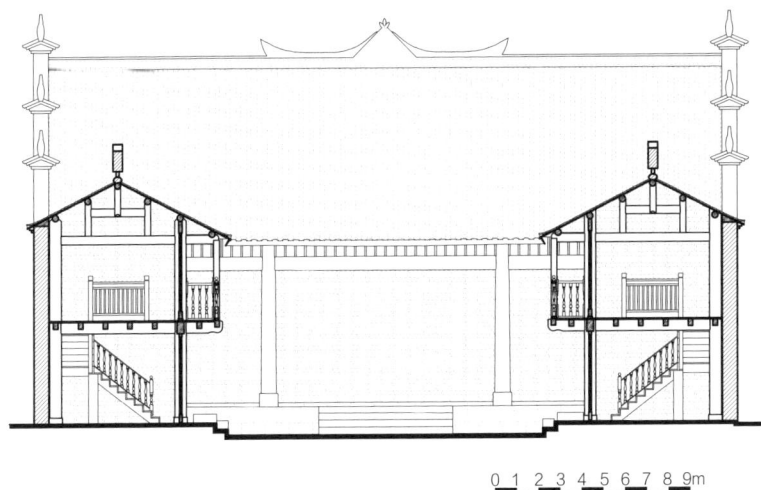

0 1 2 3 4 5 6 7 8 9m

图 4-70　建筑厢房剖面测绘图

50×50网格

50×50网格

50×50网格

50×50网格

0   0.3   0.6   0.9m

图 4-71　建筑门扇格芯大样测绘图

100×100 网格

0   0.5   1   1.5m

图 4-72　建筑墨绘大样测绘图

第5章

古寨寻芳

凤冈县拥有丰富的林木资源，当地古寨中的干阑建筑随处可见。这里优越的水热条件，有利于林木的生长，温和的气候和相对湿润的空气为当地提供了丰富的木材原料。[8]在贵州，可以看到许多用木柱支托、凿木穿枋、衔接扣合、立架为屋、四壁横板、两端偏厦的干阑木楼。这些民居的形态应地形的变化而改变，以灵活的处理方法适应崖、坡、渠、坎，并结合功能需求的变化，随机应变。这种灵活的设计赋予了建筑轻盈飘逸、灵动自然的造型。整个建筑群落的立面随着山峦起伏而俯仰生姿，向着山头层层迭起，空间紧凑而饱含生活的诗意，村寨美景不断。架空式的居住面层、重楼叠宇的空间层次、不同屋面的天际轮廓、山墙偏厦的拼联组合、半开敞宽廊，以及出挑、外露的猪嘴形象鼻形木枋，雕刻精细的莲花状垂柱，构成了外部空间形态的鲜明特征。[9]

瓦房是凤冈农村地区常见的居住房舍，也被称为木房。这种房屋属于典型的干阑式建筑，其种类包括"九柱八瓜""七柱六瓜""五柱四瓜""四柱三瓜"和"三柱二瓜"等。其中，最为常见的是"三柱二瓜"和"五柱四瓜"的瓦房。家庭比较贫困的人户通常会选择使用"三柱二瓜"或"四柱三瓜"，而家庭比较富裕的人户则使用"五柱四瓜"（又分为大五柱和小五柱两种）。"七柱六瓜"和"九柱八瓜"则是富裕的大户人家才有条件修造的豪华瓦房。

瓦房的建设规模主要取决于"开间"和"进深"的大小。"开间"和"进深"越大，房屋显得更为高大（如七柱六瓜和九柱八瓜）。相反，若是"开间"和"进深"较小，则房屋会显得较为矮小。

通常情况下，"三柱二瓜"的"小二间"的"开间"为一丈零八寸，"中堂"为一丈一尺零八寸，"进深"为一丈三尺零八寸，而其高度也是一丈三尺零八寸（也被称为"三八"房）。

对于"五柱四瓜"的"小二间"的"开间"，其尺寸为一丈三尺零八寸，"中堂"为一丈五尺零八寸，"进深"为一丈八尺零八寸，其高度也是一丈八尺零八寸（也被称为"八八"房）。若是大五柱，则高度和"进深"会达到两丈零八寸或两丈一尺八寸（俗称两丈一顶八）。

至于"七柱六瓜"和"九柱八瓜"的"开间"和"进深"就更大了。"七柱六瓜"的"小二间"的"开间"通常为一丈六尺零八寸，"中堂"为一丈八尺零八寸，"进深"为二丈四尺零八寸，其高度也是二丈四尺零八寸。而"九柱八瓜"的"小二间"的"开间"为一丈八尺零八寸，"中堂"为二丈二尺零八寸，"进深"是二丈六尺零八寸，其高度也是二丈六尺零八寸。

楼屋的层数通常根据房屋的大小来定。常见的楼屋层数有一层楼、二层楼和三层楼。其中，"三柱二瓜"是一层楼，"五柱四瓜"是二层楼（如果使用大五柱则可做成三层楼），"七柱六瓜"和"九柱八瓜"是三层楼。这些是木房"正房"的尺码要求。在正房的两边，还可以各做一间"偏厦"作为厨房或柴房使用，偏厦的大小通常根据地面的宽窄来定。此外，在地面面积允许的情况下，还可以在正房的两侧各做一栋厢房，厢房的大小根据地面的宽窄来定。厢房与正房的连接处要做一条"角沟"，使之形成整体，俗称"撮箕口"房子。如果地面较宽，还可以在正房的对面做一栋"过厅"。过厅两边与厢房的连接处也要做一条"角沟"，使之形成整体，俗称"一颗印"或"四合院"房子。

5.1 永安任氏庄园

1. 基础档案

建筑名称：永安任氏庄园。

建筑地址：凤冈县永安镇龙山村桃坪组。

建筑年代：清代。

建筑面积：1219m^2。

建筑结构：木结构。

保护等级：市级文物保护单位。

2. 建筑简介

永安任氏庄园位于凤冈县永安镇龙山村桃坪组，系清代任作梅修建，距今 200 年左右，坐西向东，木质建筑。庄园呈四角天井，造型美观，分为楼上楼下两层，走廊边的栏杆和木壁上的花窗及门楣上雕刻有形象各异的花鸟，窗雕精致，栩栩如生。院里是石质地板，台阶两边立有飞鸟走兽。立在楼阁外的桅杆石上雕有狮子和大象，惟妙惟肖。另外，雕刻在桅杆石上的一只海螺，发音洪亮，形象逼真，是一件难得的艺术珍品。

2015 年 11 月 9 日公布为第二批市级文物保护单位。

3. 建筑影像（图 5-1～图 5-6）

图 5-1　永安任氏庄园南向鸟瞰图

图 5-2　永安任氏庄园南向透视图

图 5-3 永安任氏庄园侧立面图

图 5-4 永安任氏庄园木房立面图

图 5-5 永安任氏庄园东院庭院透视图

图 5-6 永安任氏庄园梁架

4.三维点云模型（图 5-7 ~ 图 5-10 ）

图 5-7 建筑整体三维点云鸟瞰图

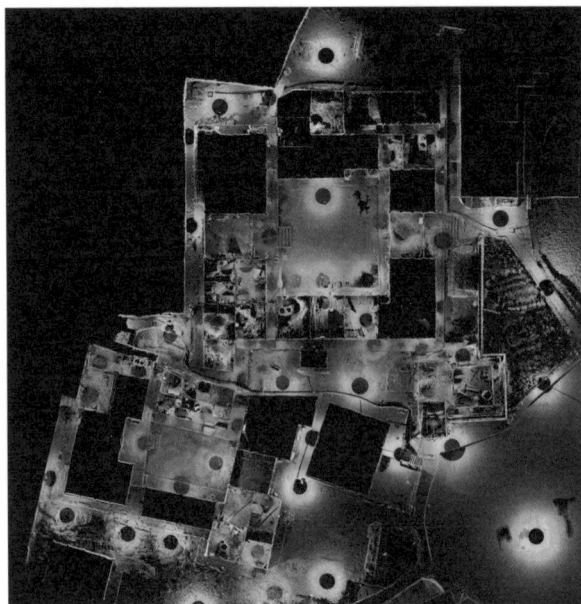

图 5-8 三维点云平面切片图

图 5-9　三维点云立面切片图

图 5-10　三维点云剖面切片图

5. 建筑测绘图（图5-11、图5-12）

图 5-11　建筑平面测绘图

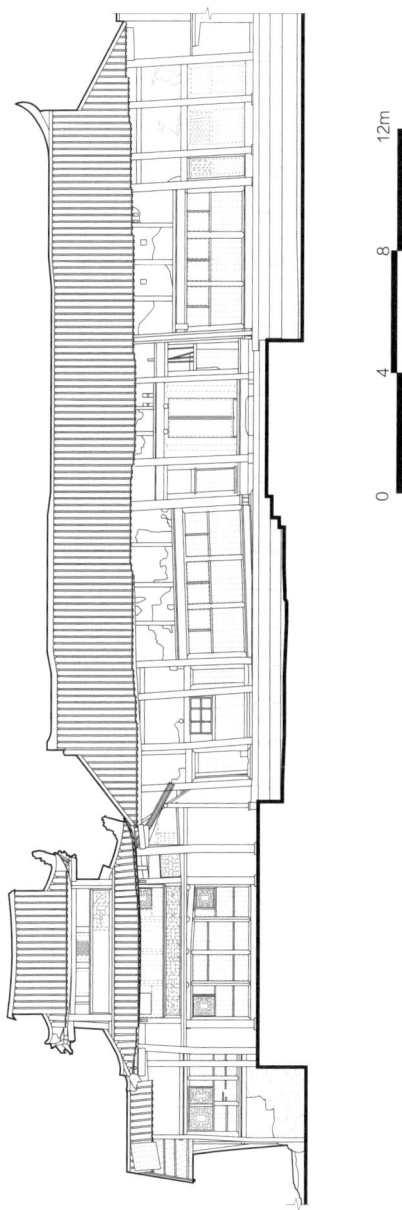

0　　4　　8　　12m

图 5-12　建筑正立面测绘图

5.2 何士光旧居

1. 基础档案

建筑名称：何士光旧居。

建筑地址：凤冈县琊川镇偏刀水社区三组。

建筑年代：清代末期或民国初期、20 世纪 80 年代。

建筑面积：50m^2。

建筑结构：砖木结构。

保护等级：县级文物保护单位。

2. 建筑简介

何士光旧居位于凤冈县琊川镇偏刀水社区，修建于二十世纪八十年代初期，坐西向东，砖木结构，二室一厅一厨一卫，总面积50m^2。何士光曾经在旧居勤奋笔耕，先后写出了《乡场上》《种包谷的老人》等一批震惊中国文坛的长篇、中篇、短篇小说。

2009 年 9 月 27 日公布为第四批县级文物保护单位。

3. 建筑影像（图5-13~图5-16）

图5-13　何士光旧居鸟瞰图

图5-14　何士光旧居东向立面图

图 5-15　何士光旧居南向立面图

图 5-16　何士光旧居细部

4. 三维点云模型（图 5-17、图 5-18）

图 5-17 建筑整体三维点云模型

图 5-18 三维点云立面切片图

5. 建筑测绘图（图 5-19、图 5-20）

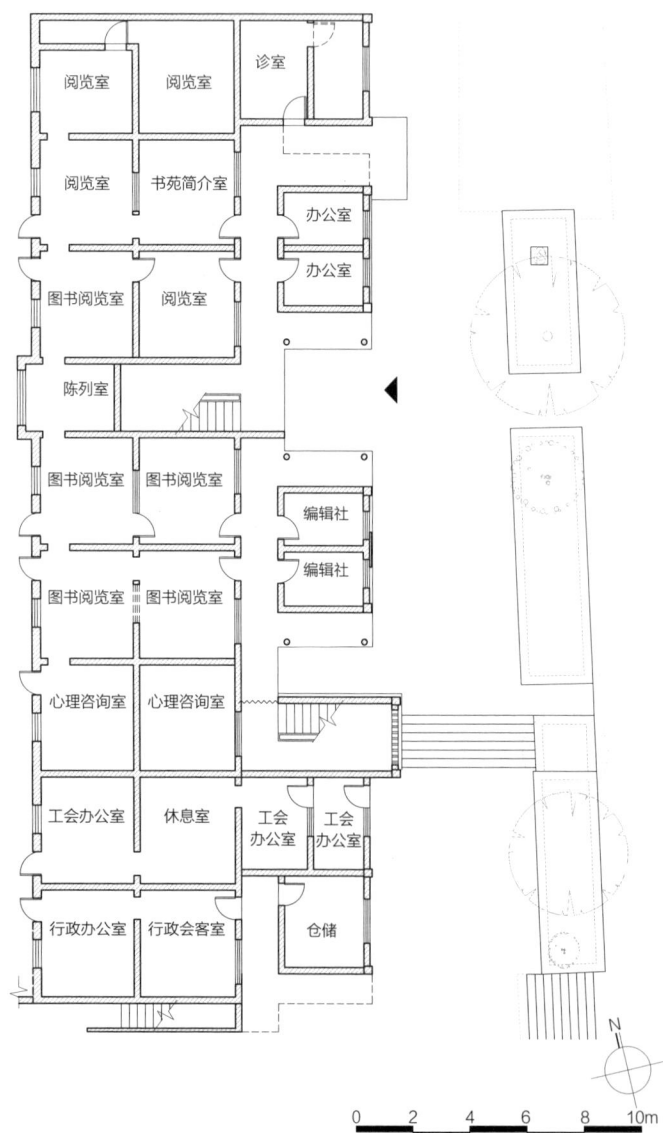

图 5-19　建筑平面测绘图

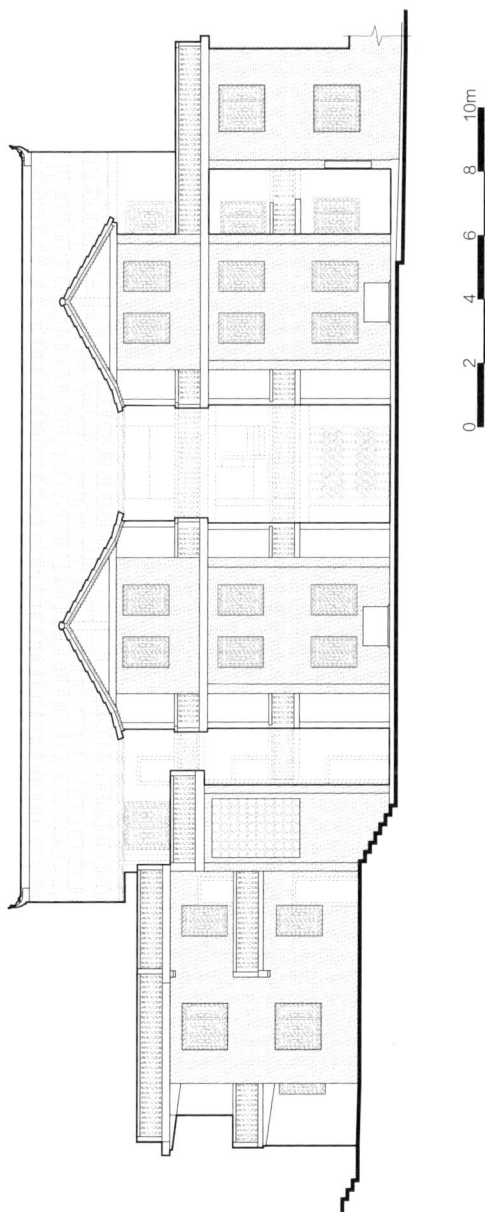

图 5-20　建筑正立面测绘图

5.3　张明修旧居

1. 基础档案

建筑名称：张明修旧居。

建筑地址：凤冈县花坪街道关口村大龙门组。

建筑年代：民国时期。

建筑面积：250m²。

建筑结构：木结构。

保护等级：县级文物保护单位。

2. 建筑简介

　　张明修（又名张宗银、张莫新）旧居位于凤冈县花坪街道关口村大龙门组，坐西向东，穿斗式歇山顶木结构建筑，小青瓦盖顶。张明修曾担任过务川县县长，国民党上校团长，陇海铁路管理局处长。其旧居修建于民国时期，四列三间，进深9m，高8.2m，梁架为穿斗式。阶沿全部用龙纹石条石砌成，最长的为4.45m，大门正中的台阶上刻有花草。

　　2009年9月27日公布为第四批县级文物保护单位。

3. 建筑影像（图 5-21~ 图 5-25）

图 5-21 张明修旧居鸟瞰图

图 5-22 张明修旧居东南向透视图

图 5-23 张明修旧居北向透视图

图 5-24　张 明 修 旧 居
梁架

图 5-25　张 明 修 旧 居
石雕细部

4. 三维点云模型（图 5-26）

图 5-26　建 筑 整 体 三
维点云模型

5. 建筑测绘图（图 5-27、图 5-28）

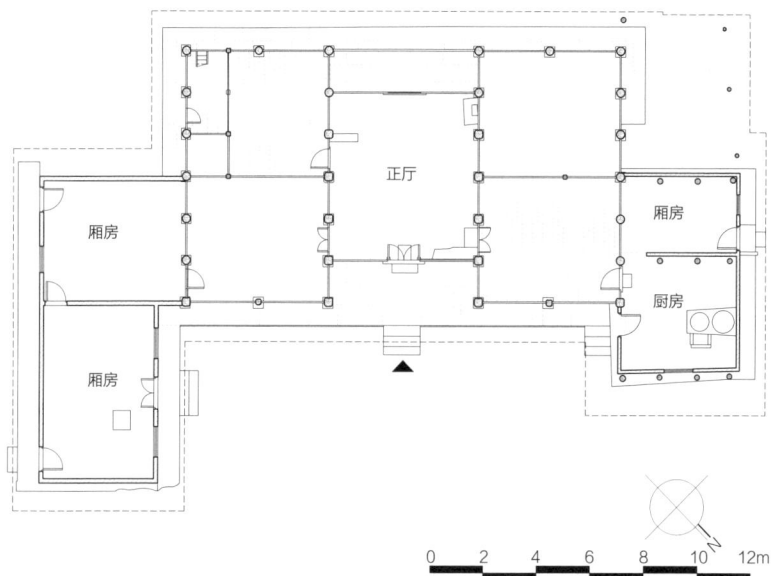

图 5-27 建筑平面测绘图

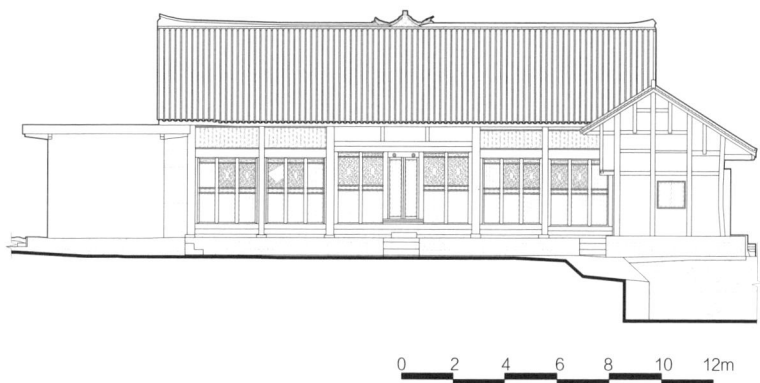

图 5-28 建筑正立面测绘图

5.4 练家修旧居

1. 基础档案

建筑名称：练家修旧居。

建筑地址：凤冈县绥阳镇永盛社区窑上组。

建筑年代：清代。

建筑面积：573m^2。

建筑结构：木结构。

保护等级：县级文物保护单位。

2. 建筑简介

练家修旧居位于凤冈县绥阳镇永盛社区窑上组，坐西向东，修建于清道光年间，具体时间不详，为穿斗式歇山顶木结构建筑。小青瓦盖顶，一正两厢，正房的窗雕技艺精湛。正房为 4 列 3 间，南厢房为 7 列 6 间，北厢房为 5 列 4 间，建筑整体保存较好。

2009 年 9 月 27 日公布为第四批县级文物保护单位。

3. 建筑影像（图 5-29~ 图 5-34）

图 5-29　练家修旧居南向鸟瞰图

图 5-30　练家修旧居东向鸟瞰图

图 5-31　练家修旧居庭院透视图

图 5-32　练家修旧居立面图

图 5-33　练家修旧居梁架

图 5-34　练家修旧居雕花窗

4. 三维点云模型（图 5-35~图 5-37）

图 5-35　建筑整体三维点云鸟瞰图

图 5-36　三维点云立面切片图

图 5-37　三维点云剖面切片图

5. 建筑测绘图（图5-38、图5-39）

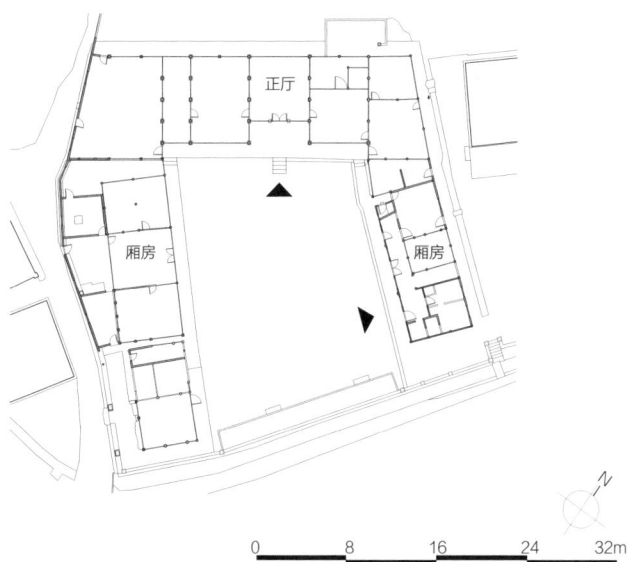

图 5-38 建筑平面测绘图

图 5-39 建筑侧立面测绘图

5.5 黑溪古寨

1. 基础档案

建筑名称：黑溪古寨。

建筑地址：凤冈县土溪镇鱼泉村黑溪组。

建筑年代：清代初期。

建筑面积：1800m^2。

建筑结构：木结构。

保护等级：县级文物保护单位。

2. 建筑简介

　　黑溪古寨位于凤冈县土溪镇鱼泉村黑溪组，形成于清代初期，具体建筑年代不详。古寨西靠青山，东临田畴，黑溪河水由东南向西北绕村而过。古寨无寨墙，房屋独立成户，沿山西麓次第而建，大部分为穿斗式悬山小青瓦顶，一般为三开间或五开间。古寨部分建筑保存较为完整，建筑木构件雕刻栩栩如生，充分展示了古代工匠精湛的雕刻技艺。

　　2009 年 9 月 27 日，公布为第四批县级文物保护单位。

3. 建筑影像（图 5-40~图 5-44）

图 5-40 黑溪古寨鸟瞰图

图 5-41 黑溪古寨透视图

图 5-42　黑溪古寨立面图

图 5-43　黑溪古寨梁架

图 5-44　黑溪古寨雕花窗

4. 三维点云模型（图 5-45～图 5-47）

图 5-45　建筑整体三维点云鸟瞰图

图 5-46　三维点云立面切片图

图 5-47　三维点云剖面切片图

5. 建筑测绘图（图 5-48、图 5-49）

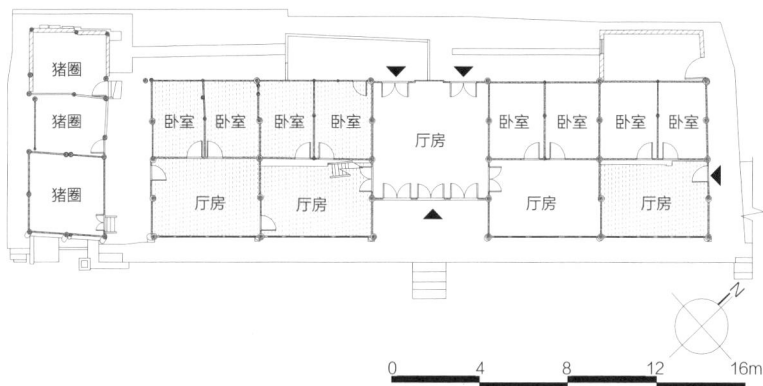

图 5-48　建筑平面测绘图

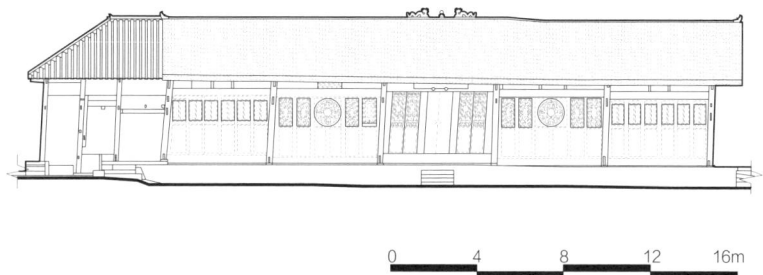

图 5-49　建筑正立面测绘图

5.6 官田古寨

1. 基础档案

建筑名称：官田古寨。

建筑地址：凤冈县绥阳镇玛瑙村官田组。

建筑年代：清代。

建筑面积：1748m^2。

建筑结构：木结构。

保护等级：县级文物保护单位。

2. 建筑简介

官田古寨位于凤冈县绥阳镇玛瑙村官田组，是钱氏宗族的聚居地，也是玛瑙山营盘扩建的组织者清代武生钱青云的故乡。寨子规模形成于清代中期，至今部分老宅保存较为完好，村寨内街巷、龙门、建筑、窗雕等历史文化构建要素具有较高的研究价值和保护价值。

2009 年 9 月 27 日，公布为第四批县级文物保护单位。

3. 建筑影像（图 5-50~ 图 5-55）

图 5-50　官田古寨西北向鸟瞰图

图 5-51　官田古寨北向鸟瞰图

图 5-52　官田古寨老宅立面图

图 5-53　官田古寨白虎门

图 5-54　官田古寨屋架

图 5-55　官田古寨雕花窗

4. 三维点云模型（图 5-56~ 图 5-58）

图 5-56　三维点云平面切片图

图 5-57　三维点云立面切片图

图 5-58　三维点云剖面切片图

5. 建筑测绘图（图 5-59、图 5-60）

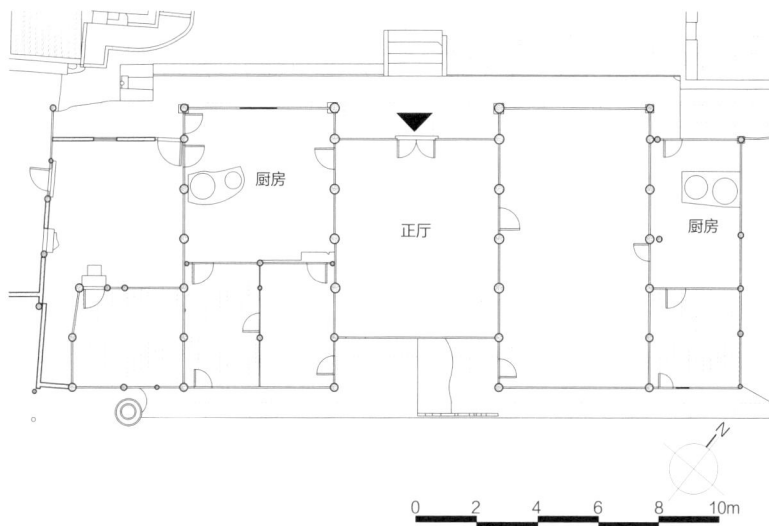

厨房

正厅

厨房

0　2　4　6　8　10m

图 5-59　建筑平面测绘图

0　2　4　6　8　10m

图 5-60　建筑正立面测绘图

5.7 七星龙门

1. 基础档案

建筑名称：七星龙门。

建筑地址：凤冈县琊川镇余粮村杨家寨。

建筑年代：20 世纪初。

建筑面积：6m^2。

建筑结构：木结构。

保护等级：历史建筑。

2. 建筑简介

　　杨家寨距离凤冈县城 20 余公里，保留着数十栋古老的木房。杨家寨的先祖从江西迁徙而来，经过数代的繁衍生息，如今已有七十余户，三百多人。

　　这些古老的建筑，最早的距今已有三百多年，见证着杨家寨的沧桑岁月。为了防卫的需要，杨家寨原先有用木材建造的围墙，以及七座龙门环绕古寨。这七座龙门的设计采用了"天罡北斗七星"的布局形态，寓意杨家寨的繁荣与和谐。

　　杨家寨村民至今保留着过龙门的习俗。婚丧嫁娶之事，都要从总龙门穿过，寄托着杨氏族人期望后人鲤鱼跳龙门、读书成才的美好愿望。

　　在龙门两侧，各立有一座桅桩，用来支起旗帜，庆祝寨里出了栋梁之才。杨家寨曾在清代出过两位四品官员、两位六品官员，杨家寨的桅桩便是为他们所立，杨家寨的桅桩历经百年岁月，记录着寨民的荣耀与自豪。这些桅桩见证了杨家寨的历史，也寄托了杨氏族人对未来的期望。[①]

---

① 刘伊霜 . 凤冈杨家寨：百年村落的亘古信仰 [N]. 遵义日报，2017-03-17.

3. 建筑影像（图 5-61~ 图 5-65）

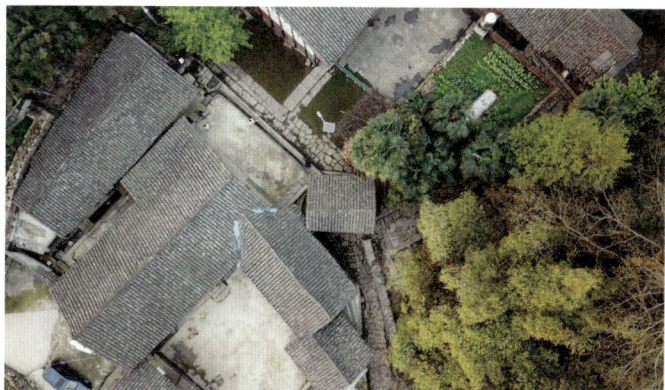

图 5-61　七星龙门正摄影像

图 5-62　七星龙门鸟瞰图

图 5-63　七星龙门正立面图

图 5-64　七星龙门南立面图

图 5-65　七星龙门梁架

4. 三维点云模型（图 5-66）

图 5-66　三维点云立面切片图

5. 建筑测绘图（图 5-67、图 5-68）

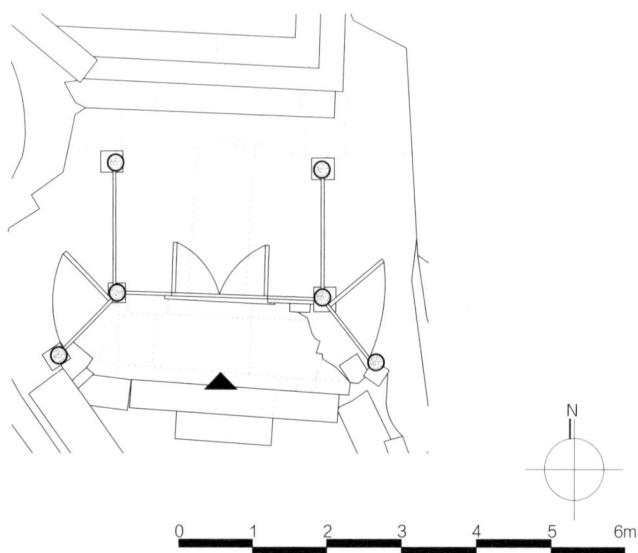

图 5-67　建筑平面测绘图

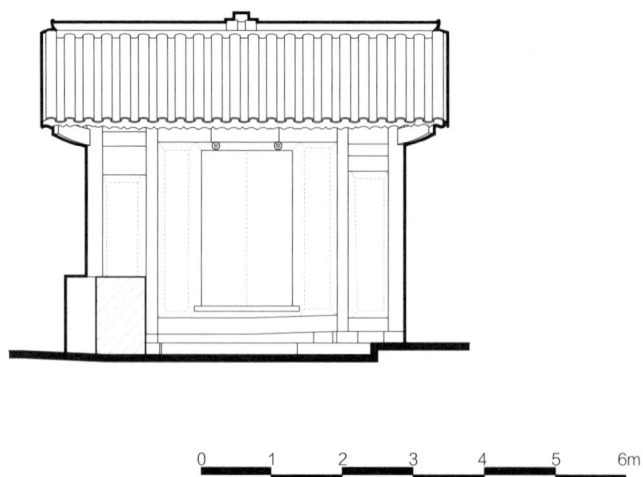

图 5-68　建筑正立面测绘图

5.8　泰山石敢当

1. 基础档案

建筑名称：泰山石敢当。

建筑地址：凤冈县琊川镇余粮村杨家寨。

建筑年代：20 世纪初。

占地面积：$7m^2$。

建筑结构：石结构。

保护等级：历史建筑。

2. 建筑简介

　　杨家寨的泰山石敢当是一个历史悠久的文化遗产，它的起源可以追溯到一个古老的传说。在晚清时期，村寨里的许多男丁相继离世，给整个村子带来了巨大的不安和恐慌的情绪。一天，一个神秘的老人路过杨家寨，受到了杨家人的热情款待。老人对杨家人的热情款待深为感激，得知了村民们的困境后，他建议村民们在村寨的"风水"要冲处立起一尊泰山石敢当。他坚信，这样做可以镇住邪祟，保护村寨的安全。于是，村民们按照老人的指示，精心雕刻并布置了泰山石敢当。自从立起泰山石敢当后，村寨里的男丁再也没有相继丧生的情况发生。村寨逐渐恢复了往日的平静和安宁，人们的生活也重新回到了正轨。这尊神奇的泰山石敢当，作为保佑村民的象征，一直保留至今，成为杨家寨不可或缺的一部分。[10]

3. 建筑影像（图 5-69~图 5-72）

图 5-69 泰山石敢当南立面图

图 5-70 泰山石敢当透视图 1

图 5-71 泰山石敢当透视图 2

图 5-72　泰山石敢当正面

4. 三维点云模型（图 5-73）

图 5-73　三维点云立面切片图

第 6 章

牌坊问古

牌坊是一种"门架式"的构筑物。使用的常见材料有木材、砖块或石材等，其上题刻有文字。牌坊具有礼仪性的意义，多配合庙宇、祠堂、陵寝、衙署等建筑的需要建造，或建在园林前、街道路口。牌坊可以标志入口的位置，引导行进的方向，分割或连接空间，营造空间的秩序，点缀优美的景观等。树立牌坊，还有标榜或表彰功德的作用，如功德坊、节孝坊等。[11]

凤冈的牌坊的结构多数比较简单，主要由顶、坊、柱、基础等几部分组成。现存的牌坊以石质为主，多建于清代。

6.1 长碛牌坊

1. 基础档案

建筑名称：长碛牌坊。

建筑地址：凤冈县新建镇新建社区长碛组。

建筑年份：清代嘉庆二十二年（1817年）。

建筑面积：6m^2。

建筑结构：石结构。

保护等级：市级文物保护单位。

2. 建筑简介

长碛牌坊位于凤冈县新建镇新建社区长碛组，建于清代嘉庆二十二年（1817年），为旌表本邑庠生朱焕之之祖母谢氏而建。坐东南向西北，四柱三间三楼，青石质，高11m，面阔9.15m，楷书阴刻"紫诰天长"4个字，每个字0.35m×0.3m。夹柱石为须弥座带抱鼓，楼顶为石雕歇山顶，透雕花脊，翼角起翘。雕刻工艺以高浮雕为主，内容有人物、动物、植物等吉祥图案，具有较高的建筑艺术价值。

2004 年 12 月 22 日公布为第三批县级文物保护单位。2015 年 11 月 9 日公布为第二批市级文物保护单位。

3. 建筑影像（图 6-1~ 图 6-6）

图 6-1　长碛牌坊鸟瞰

图 6-2　长碛牌坊正立面图

图 6-3　长碛牌坊背立面图

图 6-4 长碛牌坊砖雕细部

图 6-5 长碛牌坊局部文字 1

图 6-6 长碛牌坊局部文字 2

4. 三维点云模型（图 6-7）

图 6-7　三维点云立面切片图

5. 建筑测绘图（图6-8、图6-9）

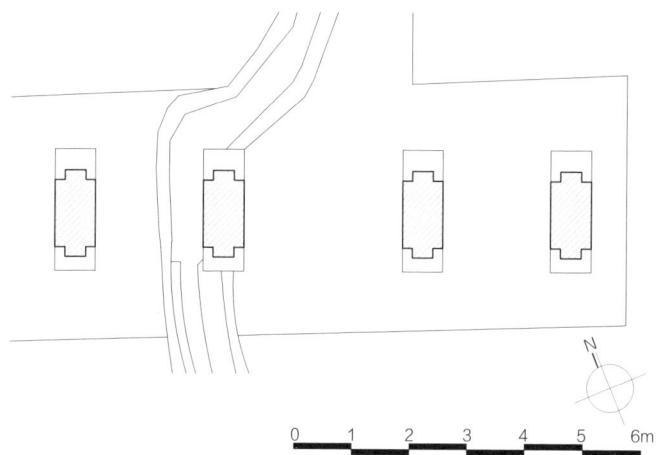

图6-8　建筑平面测绘图

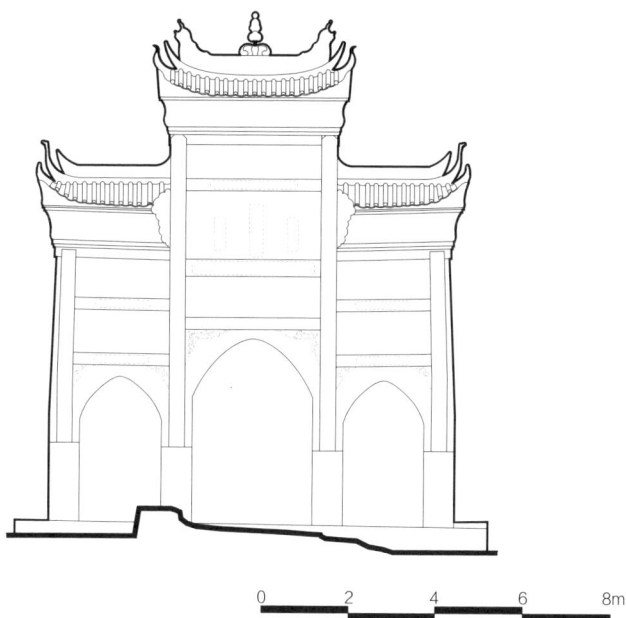

图6-9　建筑正立面测绘图

6.2 彰教坝石牌坊

1. 基础档案

建筑名称：彰教坝石牌坊。

建筑地址：凤冈县花坪街道石盆社区彰教工业园区西侧。

建筑年份：清代光绪十三年（1887年）。

建筑面积：$3m^2$。

建筑结构：石结构。

保护等级：县级文物保护单位。

2. 建筑简介

彰教坝石牌坊位于凤冈县花坪街道石盆社区彰教工业园区西侧，建于清代光绪十三年（1887年），为旌表何守钦之妻吴氏而建，坐南朝北，四柱三间三楼，青石质，高5.85m，宽9m。字碑横向楷书阴刻"抗节伯姬"（坚守节操的贤女）4字，每字0.32m×0.3m。夹柱石为须弥座带抱鼓。楼顶为石雕歇山顶，透雕花脊，翼角起翘。其中有一副对联是："三载抚孤儿柏质松筠直与龙渊同皎洁，六旬治盛世桂芳兰秀长随凤岭共峥嵘"。同时，以高浮雕手法雕刻有人物、动物和植物等吉祥图案，具有较高的建筑艺术价值。

2004年12月22日公布为第三批县级文物保护单位。2015年11月9日公布为第二批市级文物保护单位。

3. 建筑影像（图 6-10~ 图 6-13）

图 6-10　彰教坝石牌坊鸟瞰图

图 6-11　彰教坝石牌坊北立面图

图 6-12　彰教坝石牌坊南立面图

图 6-13　彰教坝石牌坊石雕细部

4. 三维点云模型（图 6-14）

图 6-14　建筑整体三维点云模型图

5. 建筑测绘图（图 6-15、图 6-16）

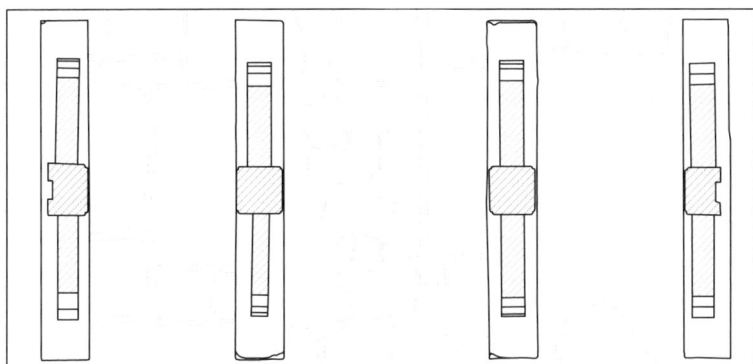

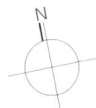

图 6-15　建筑平面测绘图

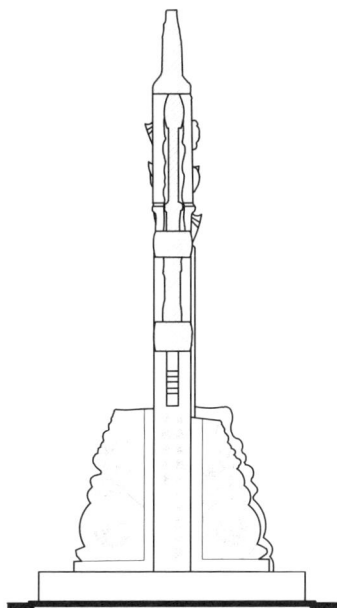

图 6-16　建筑剖面测绘图

6.3　大坪石牌坊

1. 基础档案

建筑名称：大坪石牌坊。

建筑地址：凤冈县凤岭街道两河口村岩门组。

建筑年份：清代咸丰五年（1855年）。

建筑结构：石结构。

保护等级：市级文物保护单位。

2. 建筑简介

大坪石牌坊位于凤冈县凤岭街道两河口村岩门组，修造于清代咸丰五年（1855年），坐东向西，为四柱三门冲天坊，青石质，高6.1m，宽6.5m。字碑横向楷书阴刻"彤管遗徽"4字，每字0.25m×0.35m。夹柱石为须弥座带抱鼓，坊柱四面雕刻楹联，柱顶置圆雕瓶，雕刻以人物、动物、植物等吉祥图案为主，具有较高的建筑艺术价值。

2004年12月22日公布为第三批县级文物保护单位。2015年11月9日公布为第二批市级文物保护单位。

3. 建筑影像（图 6-17～ 图 6-20）

图 6-17　大坪石牌坊鸟瞰图

图 6-18　大坪石牌坊正立面图

图 6-19　大坪石牌坊透视图

图 6-20　大坪石牌坊石雕细部

4. 三维点云模型（图 6-21）

图 6-21　三维点云立面切片图

5. 建筑测绘图（图 6-22）

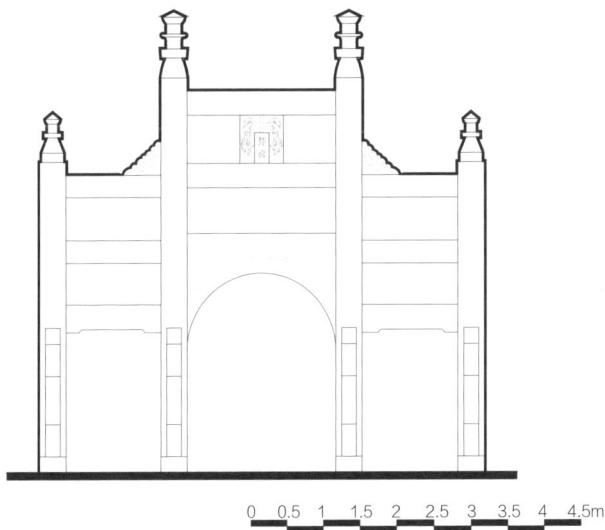

0　0.5　1　1.5　2　2.5　3　3.5　4　4.5m

图 6-22　建筑正立面测绘图

6.4 文昌牌坊

1. 基础档案

建筑名称：文昌牌坊。

建筑地址：凤冈县凤岭街道六里村文昌组。

建筑年代：清代。

建筑结构：石结构。

保护等级：市级文物保护单位。

2. 建筑简介

文昌牌坊位于凤冈县凤岭街道六里村文昌组，坐东向西，修建于清代，具体建筑年份不详，青石质，为四柱三门三楼，宽 6.5m，高 7m，进深 2.65m。碑文为楷书阴刻，夹柱石为须弥座带抱鼓，以高浮雕人物、动物和植物等吉祥图案为主，具有较高的建筑艺术价值。

2015 年 11 月 9 日公布为第二批市级文物保护单位。

3.建筑影像（图6-23~图6-26）

图6-23 文昌牌坊鸟瞰图

图6-24 文昌牌坊东南立面图

图 6-25　文昌牌坊西北
立面图

图 6-26　文昌牌坊石雕
细部

4. 三维点云模型（图 6-27）

图 6-27　三维点云立面
切片图

5. 建筑测绘图（图6-28、图6-29）

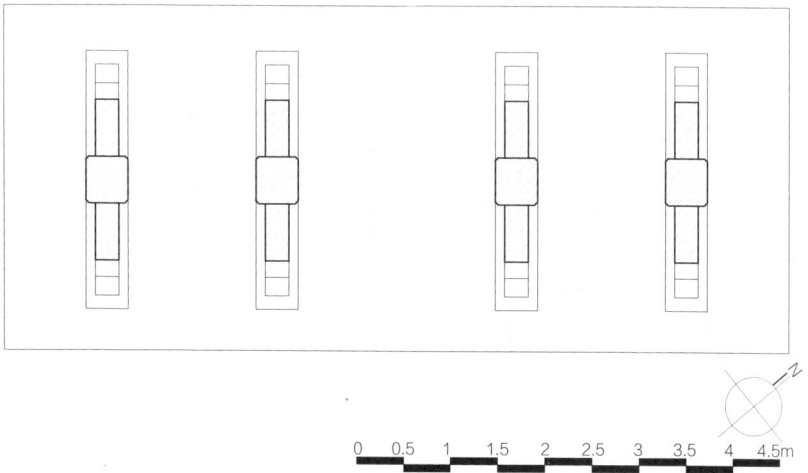

图 6-28　建筑平面测绘图

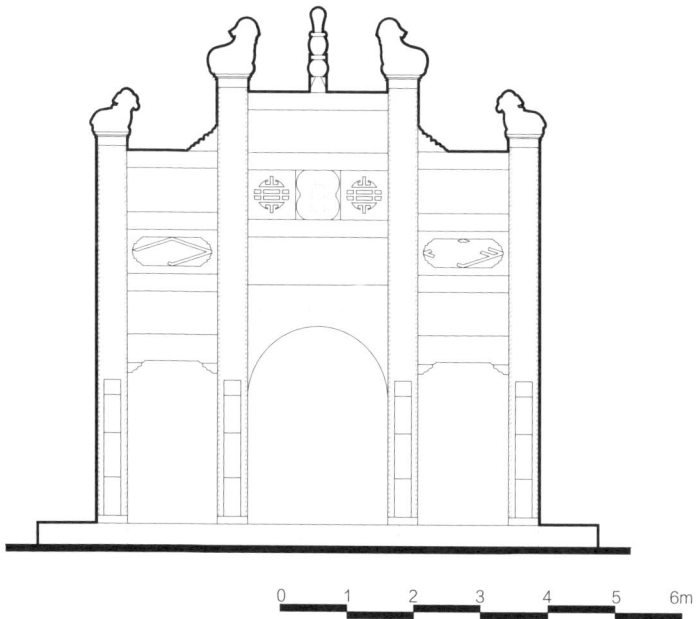

图 6-29　建筑正立面测绘图

图6-32 木耳厂石牌坊透视图

图6-33 木耳厂石牌坊石雕细部

4. 三维点云模型（图6-34）

图6-34 三维点云立面切片图

5. 建筑测绘图（图 6-35、图 6-36）

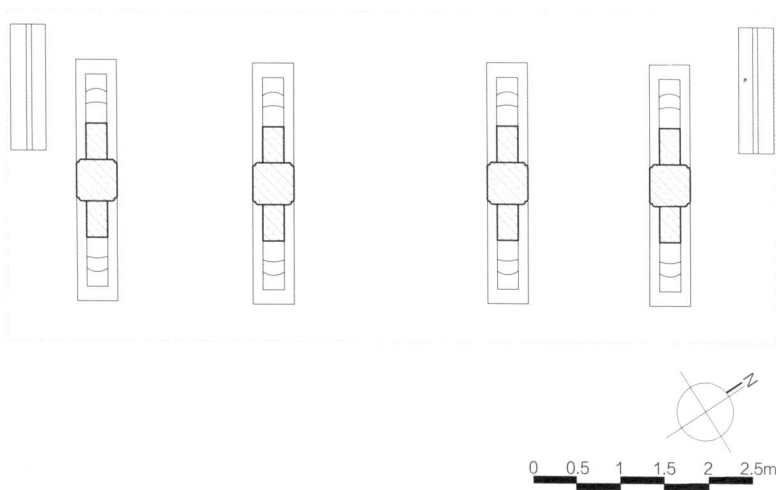

图 6-35　建筑平面测绘图

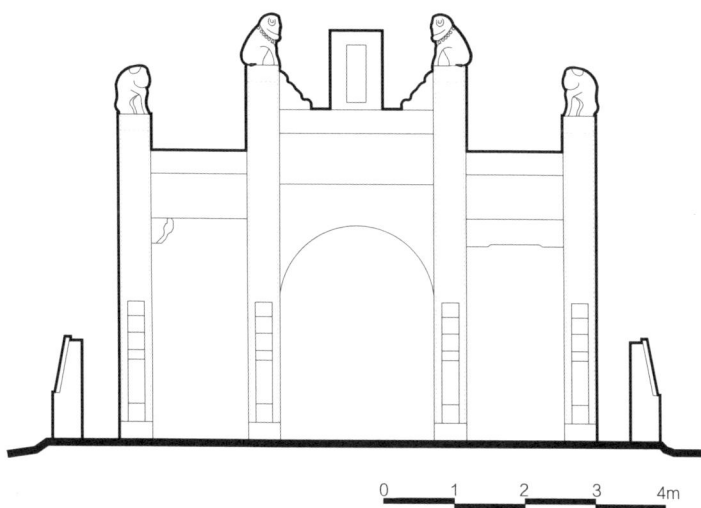

图 6-36　建筑正立面测绘图

图 6-40　节孝碑石刻

图 6-41　节孝碑碑文

4.三维点云模型（图6-42）

图 6-42　三维点云立面切片图

5.建筑测绘图（图6-43）

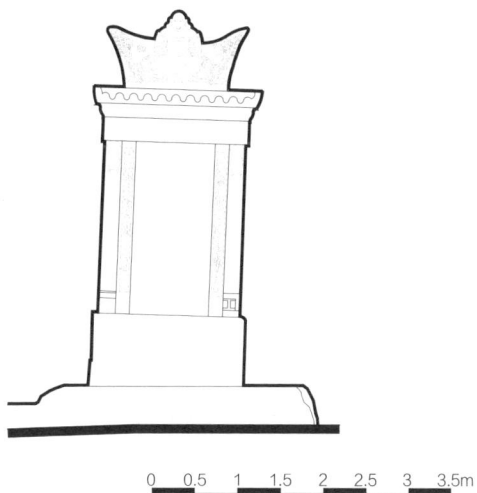

0　0.5　1　1.5　2　2.5　3　3.5m

图 6-43　正立面测绘图

第 7 章

塔影记胜

　　凤冈县目前保存有六座古塔，其中有两座是文峰塔，四座是字库塔，这些古塔都是清代时期的建筑。

　　文峰塔是明清时期的地方官员为了维护或营造一方好风水和地脉而建造的标志性建筑。它不仅具有观赏性，还具有风水学上的意义。文峰塔在各地都有实例，且多建筑在山顶、路头、文庙等处。此外，文峰塔也有其他名称，如"文风塔""文笔塔""文兴塔"等。[12] 凤冈县的文峰塔有龙泉文峰塔和麻院坝文峰塔，其中龙泉文峰塔位于凤冈县城内，挺拔秀丽，是凤冈县的著名地标建筑。

　　字库塔是古人焚烧字稿的专用建筑，也有对文字的崇高敬意。在古代，文字被视为神圣的存在，写有文字的纸张不能随意丢弃。因此，文人们选择用焚化的方式处理旧纸稿。字库塔有许多名字，如字库、字炉、惜字塔、文笔塔、焚字塔、敬字亭、圣迹亭、惜字宫等，这些名字都承载着人们对文字的敬畏和珍视。

　　在清代，敬惜字纸的观念已经得到了广泛的传播，并成为社会的共识，字库塔也在各地迅速普及，成为重要的文化设施。凤冈的字库塔分布非常广泛，大多模仿佛塔形式而建。[13]

7.1 龙泉文峰塔

1. 基础档案

建筑名称：龙泉文峰塔。

建筑地址：凤冈县龙泉街道龙井社区阳光水岸小区。

建筑年份：清代咸丰元年（1851 年）。

建筑结构：砖木结构。

保护等级：市级文物保护单位。

2. 建筑简介

龙泉文峰塔，也被称为"白塔"，位于凤冈县龙泉街道龙井社区阳光水岸小区，坐北向南，塔身高达 27m，是一座八角七层楼阁式砖塔。塔基由青石砌筑，呈现出平面八边形的形状，边长 3m，高 0.8m。塔身也是平面八边形，采用砖木结构，底层边长 2.75m，高 3.6m，逐层内收。各层塔身上均开有拱形塔门，使得塔的外观更加别致而富有变化，其中一、三、五、七层的塔窗为砖砌方形花窗，二、四、六层则为圆形木格窗，这种变化使得塔的建筑风格更加鲜明，具有明清古建筑的特色。

文峰塔始建于清代咸丰元年（1851 年），距今已有 170 多年的历史。这座塔的建筑风格古朴美观，依原地形地貌而建，既庄重又精致，极富黔北古建筑特色。其建筑工艺水平之高，堪称黔古塔建筑中的上品，是研究当地传统建筑和地方民俗文化的重要实物资料。在 2006 年进行局部维修时，在塔顶安装了避雷针。

1983 年 3 月 23 日公布为第一批县级文物保护单位。2003 年 12 月 5 日公布为第一批市级文物保护单位。

3. 建筑影像（图 7-1～图 7-4）

图 7-1　龙泉文峰塔鸟瞰图 1

图 7-2　龙泉文峰塔鸟瞰图 2

图 7-3　龙泉文峰塔细部 1

图 7-4　龙泉文峰塔细部 2

4. 三维点云模型（图 7-5）

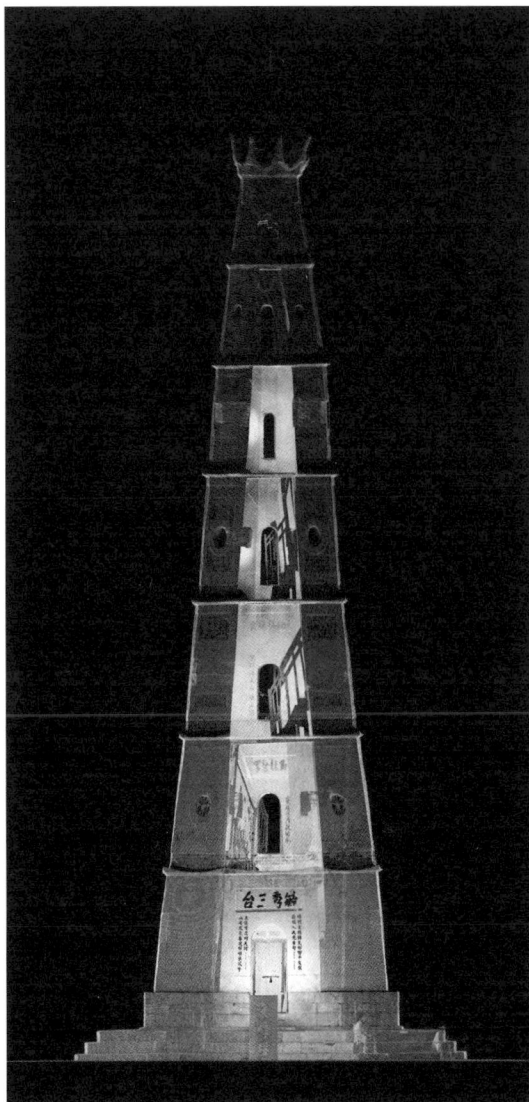

图 7-5　三维点云剖立面切片图

5. 建筑测绘图（图 7-6、图 7-7）

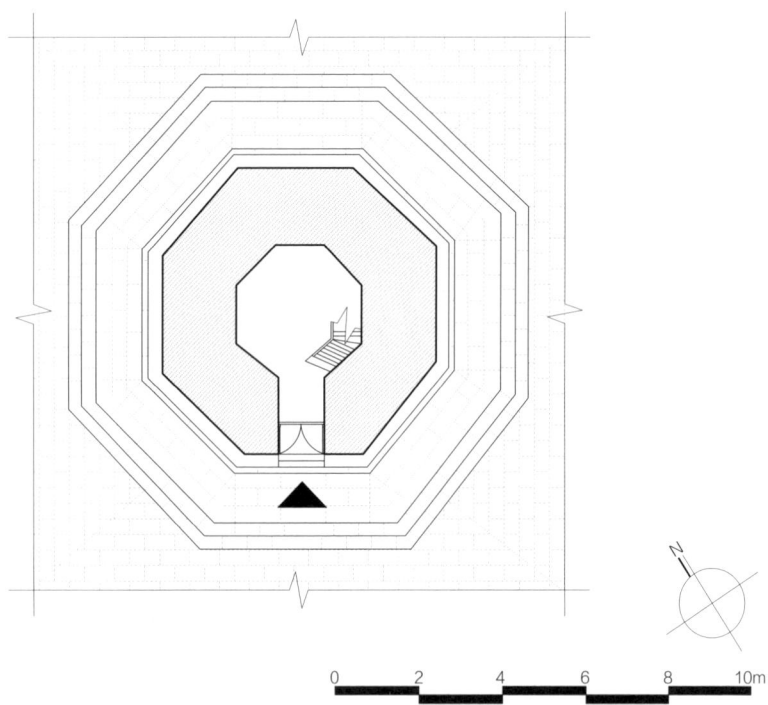

图 7-6 　建筑平面测绘图

图 7-7 建筑正立面测绘图

7.2 麻院坝文峰塔

1. 基础档案

建筑名称：麻院坝文峰塔。

建筑地址：凤冈县新建镇新建社区麻院坝组。

建筑年份：清代咸丰二年（1852 年）。

建筑结构：砖石结构。

保护等级：市级文物保护单位。

2. 建筑简介

麻院坝文峰塔是位于凤冈县新建镇新建社区麻院坝组的古建筑，修建于咸丰二年（1852 年），坐南向北，通高 21m。这座塔采用六角五层楼阁式砖石砌筑，平面呈正六边形，边长 14.4m，高 0.4m。底层使用青石砌筑，边长 2.4m，高 3.5m。二至五层则使用青砖砌筑。在第一至第二层之间，设置有四柱三门三楼青石冲天坊，高 3m。牌坊的明间两根立柱为高浮雕云龙柱，柱顶望天犼为圆雕石狮。各层除正面外，均置有龛形假塔窗。底层东面面塔窗内嵌有《建塔记》。《建塔记》刻石为青石质，方道首，高 0.7m，宽 1.25m。碑文为楷书阴刻，共有 392 字，具有较高的历史价值。

2004 年 12 月 22 日，公布为第三批县级文物保护单位。2015 年11 月 9 日公布为第二批市级文物保护单位。

3. 建筑影像（图 7-8~ 图 7-12）

图 7-8　麻院坝文峰塔鸟瞰图

图 7-9　麻院坝文峰塔西南立面图

图 7-10　麻院坝文峰塔东南立面图

图 7-11　麻院坝文峰塔塔身细部

图 7-12　麻院坝文峰塔檐口

4.三维点云模型（图7-13）

图 7-13　三维点云立面切片图

5.建筑测绘图（图7-14）

图 7-14　建筑正立面测绘图

7.3 落水洞字库塔

1. 基础档案

建筑名称：落水洞字库塔。

建筑地址：凤冈县王寨镇王寨社区对溪组。

建筑年代：清代。

建筑结构：石结构。

保护等级：市级文物保护单位。

2. 建筑简介

落水洞字库塔位于凤冈县王寨镇王寨社区对溪组，修建于清代，具体建筑时间不详。坐北朝南，共 5 层，通高 5.36m，分为官库、字库、地王宫等。字库塔上的碑文为楷书阴刻。

2009 年 9 月 27 日公布为第四批县级文物保护单位。2015 年 11 月 9 日公布为第二批市级文物保护单位。

3. 建筑影像（图 7-15~ 图 7-18）

图 7-15　落水洞字库塔鸟瞰图

图 7-16　落水洞字库塔正立面图

图 7-17 落水洞字库塔北立面图

图 7-18 落水洞字库塔石雕细部

4. 三维点云模型（图 7-19）

图 7-19　三维点云立面切片图

5. 建筑测绘图（图 7-20、图 7-21）

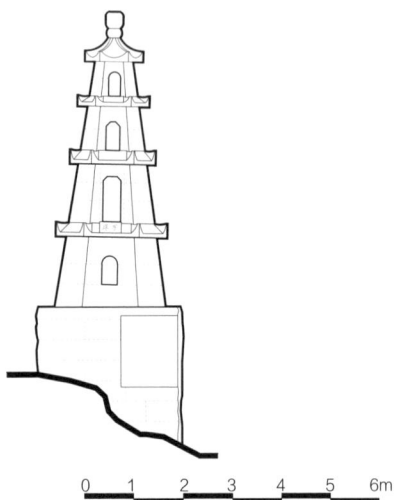

图 7-20　建筑正立面测绘图

图 7-21　建筑背立面测绘图

7.4　大堰字库塔

1. 基础档案

建筑名称：大堰字库塔。

建筑地址：凤冈县进化镇大堰村干劲组。

建筑年代：清代。

建筑结构：石结构。

保护等级：县级文物保护单位。

2. 建筑简介

　　大堰字库塔位于凤冈县进化镇大堰村干劲组，坐东向西，修建于清代，具体建筑时间不详。用青石砌成，共有 6 层，现存残高5 层，4.45m，五边形，向上逐级收分。因年代久远，塔基下沉导致塔身裂缝，存在安全隐患。凤冈县文化旅游局于 2021 年对其进行了保护性修缮，现状保存完好。

　　2009 年 9 月 27 日公布为第四批县级文物保护单位。

3. 建筑影像（图 7-22~ 图 7-24）

图 7-22　大堰字库塔
鸟瞰图

图 7-23　大堰字库塔
西立面图

图 7-24　大堰字库塔
细部

4. 三维点云模型（图 7-25）

图 7-25　三维点云立面切片图

5. 建筑测绘图（图 7-26~ 图 7-28）

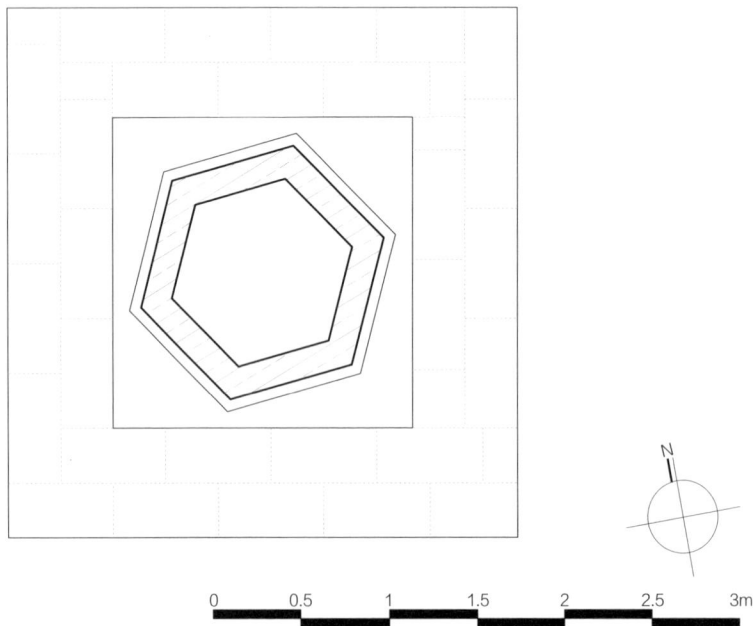

图 7-26　建筑平面测绘图

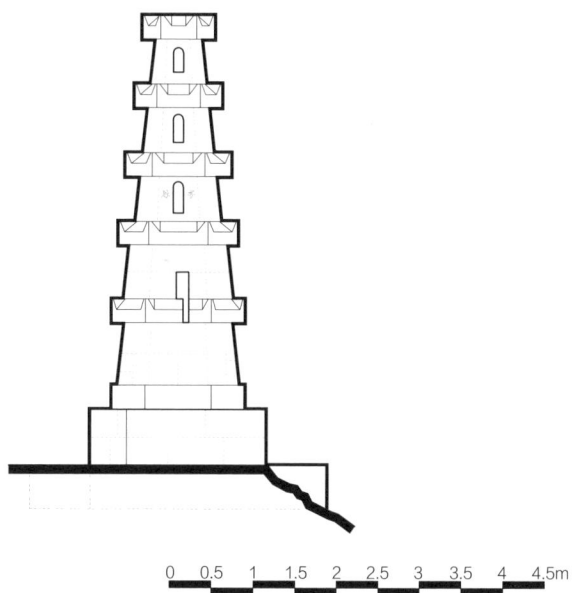

0　0.5　1　1.5　2　2.5　3　3.5　4　4.5m

图 7-27　建筑正立面测绘图

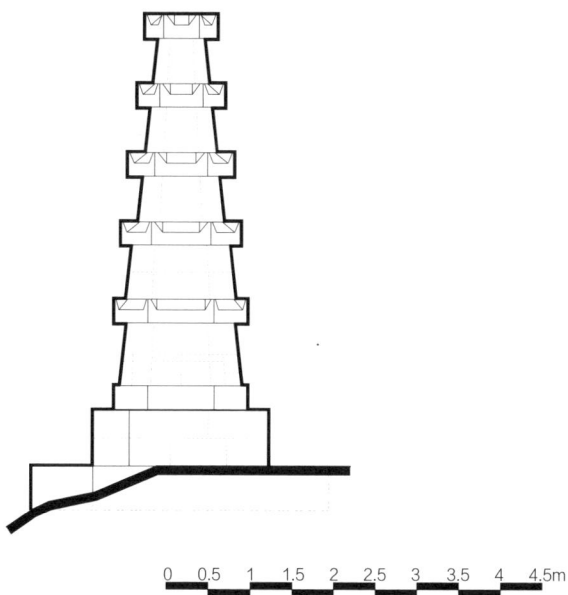

0　0.5　1　1.5　2　2.5　3　3.5　4　4.5m

图 7-28　建筑背立面测绘图

7.5 撮基湾字库塔

1. 基础档案

建筑名称：撮基湾字库塔。

建筑地址：凤冈县蜂岩镇小河村中华组。

建筑年份：清代道光二十九年（1849 年）。

建筑结构：石结构。

保护等级：县级文物保护单位。

2. 建筑简介

　　撮基湾字库塔位于凤冈县蜂岩镇小河村中华组。坐东向西，修造于清代道光二十九年（1849 年）。用青石砌成，共有 4 层，为四边形，向上逐级收分。通高 3.48m，底部宽 1.21m。因自然原因，塔体严重倾斜，凤冈县文化旅游局于 2022 年 11 月对其进行了保护性修缮，现状保存完好。

　　2009 年 9 月 27 日公布为第四批县级文物保护单位。

3. 建筑影像（图 7-29~ 图 7-32）

图 7-29　撮基湾字库塔鸟瞰图 1

图 7-30　撮基湾字库塔鸟瞰图 2

图 7-31　撮基湾字库塔正立面图

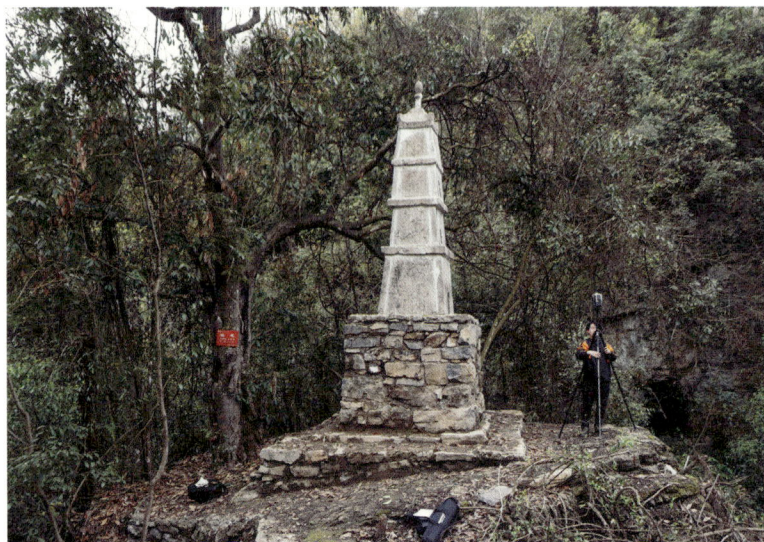

图 7-32　撮基湾字库塔北立面图

4. 三维点云模型（图 7-33）

图 7-33 三维点云立面切片图

5. 建筑测绘图（图 7–34~ 图 7–36）

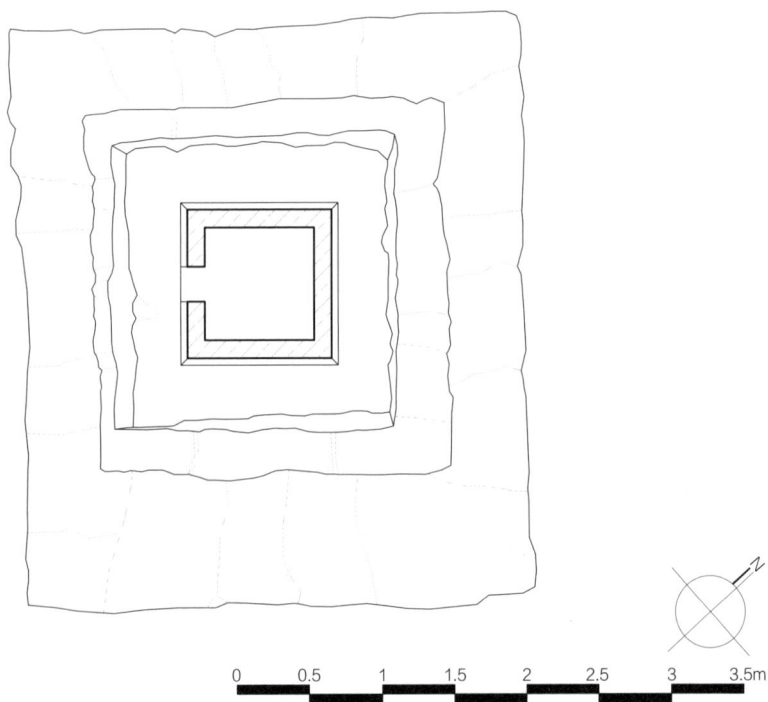

图 7–34　建筑平面测绘图

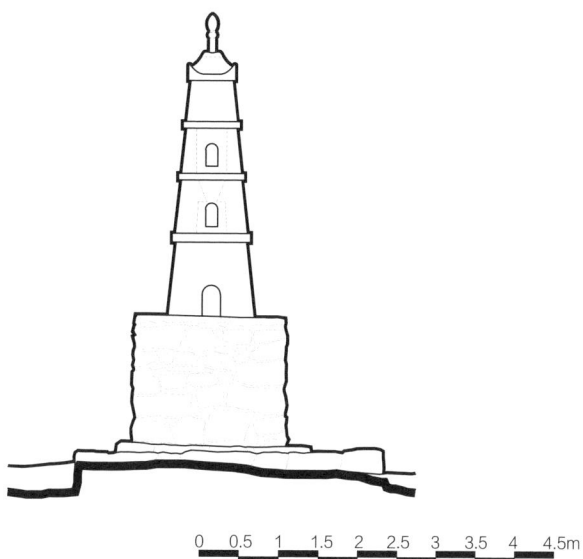

0　0.5　1　1.5　2　2.5　3　3.5　4　4.5m

图 7-35　建筑正立面测绘图

0　0.5　1　1.5　2　2.5　3　3.5　4　4.5m

图 7-36　建筑背立面测绘图

7.6 福坝字库塔

1. 基础档案

建筑名称：福坝字库塔。

建筑地址：凤冈县新建镇官田村福坝组。

建筑年代：清代。

建筑结构：砖石结构。

保护等级：县级文物保护单位。

2. 建筑简介

福坝字库塔位于凤冈县新建镇官田村福坝组，坐北朝南，修建于清代，具体建筑年份不详。六角五层，砖石砌筑。塔身平面呈六边形，底层用青石砌筑，塔身用青砖修筑，正面有青石踏步。塔基边长 2.33m，高 6m 左右。塔体底部 2 层保存完好，顶部 3 层已被损毁。整个建筑具有一定的历史价值。

2009 年 9 月 27 日公布为第四批县级文物保护单位。

3. 建筑影像 (图 7-37~ 图 7-41)

图 7-37　福坝字库塔西南向鸟瞰图

图 7-38　福坝字库塔东南向鸟瞰图

图 7-39 福坝字库塔东立面图

图 7-40 福坝字库塔南立面图

图 7-41 福坝字库塔灰塑细部

4. 三维点云模型（图 7-42）

图 7-42　三维点云立面切片图

5. 建筑测绘图（图 7-43）

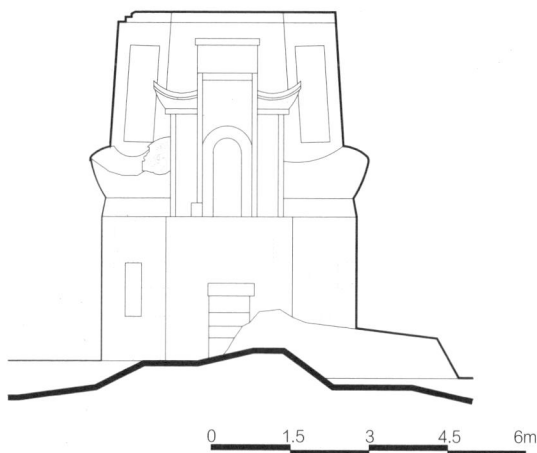

图 7-43　建筑正立面测绘图

第8章

桥引八方

8.1 盛家寨风雨桥

1. 基础档案

建筑名称：盛家寨风雨桥。

建筑地址：凤冈县绥阳镇玛瑙村水边组。

建筑年份：民国二十七年（1938 年）。

建筑结构：木结构。

保护等级：市级文物保护单位。

2. 建筑简介

　　盛家寨风雨桥位于凤冈县绥阳镇玛瑙村水边组，初建于民国二十七年（1938 年），东西向，平面呈长方形，面阔五间，单檐歇山顶，明间冲楼式青瓦顶木结构建筑，总长 45.8m，宽 5.6m。1988 年 2 月，盛家寨的居民捐助资金，按原貌进行了全面维修。长期以来，盛家寨风雨桥是绥阳镇通往玛瑙村官田古寨以及德江县的主要人行道路桥梁。

　　2009 年 9 月 27 日公布为第四批县级文物保护单位。2015 年 11 月 9 日公布为第二批市级文物保护单位。

3. 建筑影像（图 8-1~ 图 8-6 ）

图 8-1　盛家寨风雨桥东向鸟瞰图

图 8-2　盛家寨风雨桥东北向鸟瞰图

图 8-3 盛家寨风雨桥透视图

图 8-4 盛家寨风雨桥立面图

图 8-5　盛家寨风雨桥梁架

图 8-6　盛家寨风雨桥桥洞石墙基

4. 三维点云模型（图8-7）

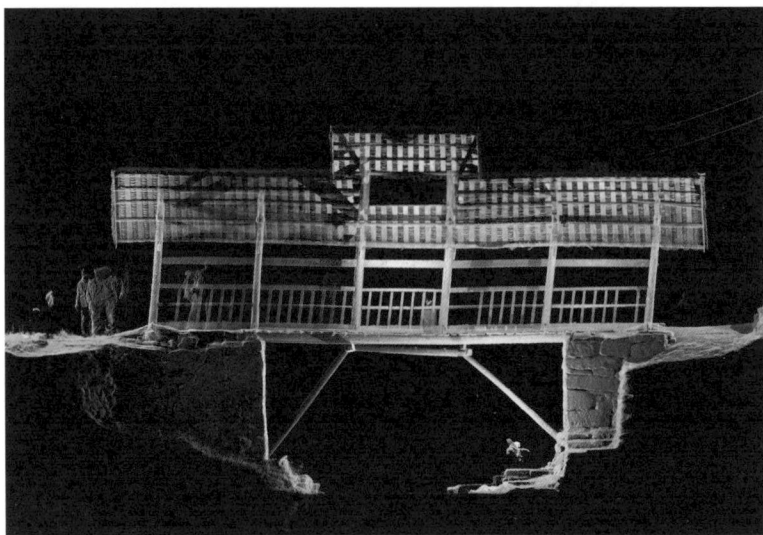

图8-7 三维点云立面切片图

5. 建筑测绘图（图 8-8、图 8-9）

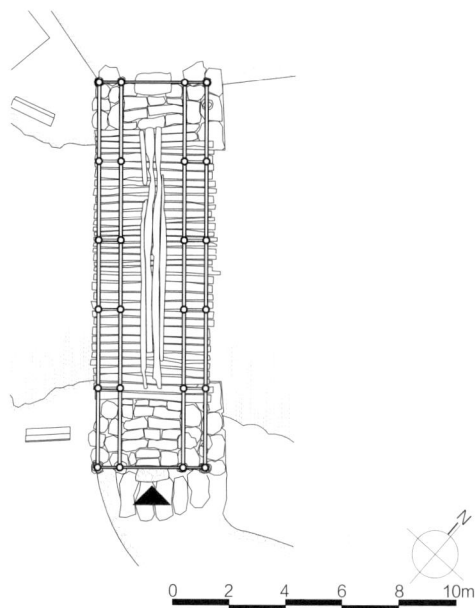

图 8-8　建筑平面测绘图

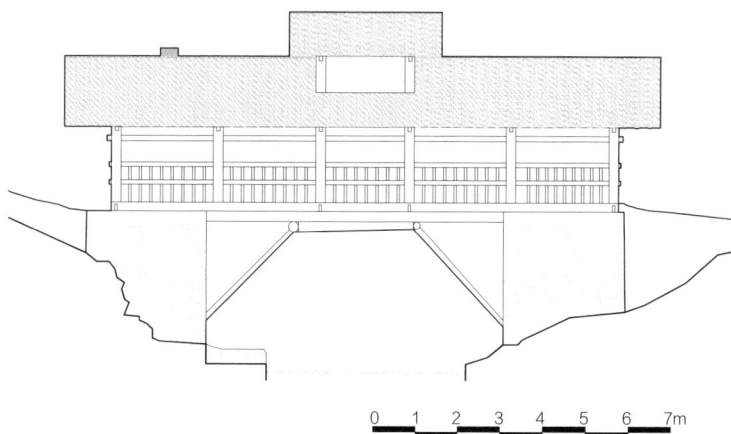

图 8-9　建筑立面测绘图

8.2　官坝凉桥

1. 基础档案

建筑名称：官坝凉桥。

建筑地址：凤冈县土溪镇官坝村团结组。

建筑年代：清代。

建筑结构：木结构。

保护等级：县级文物保护单位。

2. 建筑简介

官坝凉桥位于凤冈县土溪镇官坝村团结组，东西向横跨骡子堰河。平面呈长方形，面阔三间，单檐歇山顶，修建于清代，具体建筑年份不详，穿斗式抬梁木质结构，小青瓦盖顶，南北两侧用青石砌筑踏步。凉桥长 10m，宽 3m，是古代土溪镇通往务川县丰乐镇的必经之路。

2004 年 12 月 22 日公布为第三批县级文物保护单位。

3. 建筑影像（图 8-10~ 图 8-15）

图 8-10　官坝凉桥西南向鸟瞰图

图 8-11　官坝凉桥东北向鸟瞰图

图8-12 官坝凉桥透视图

图8-13 官坝凉桥立面图

图8-14 官坝凉桥屋面

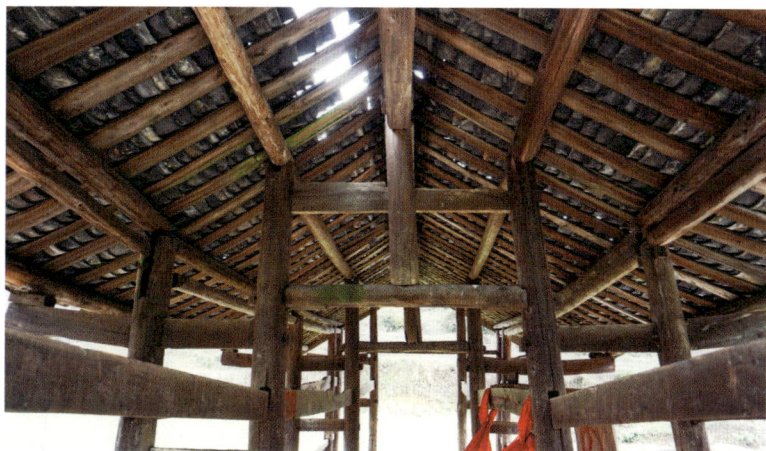

图 8-15　官坝凉桥梁架

4. 三维点云模型（图 8-16）

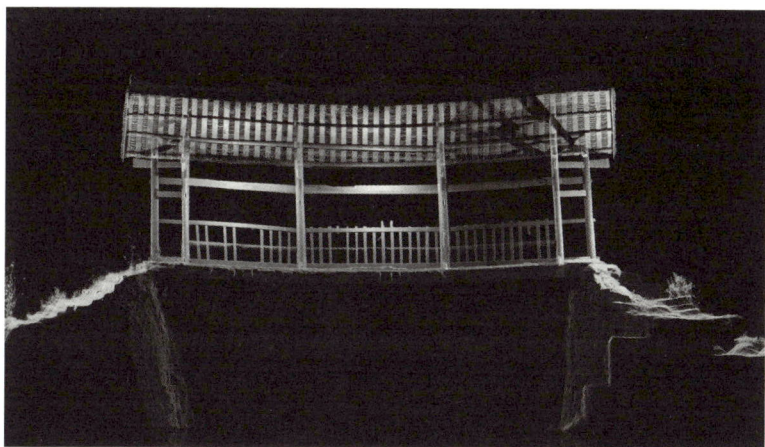

图 8-16　三维点云立面切片图

5. 建筑测绘图（图8-17、图8-18）

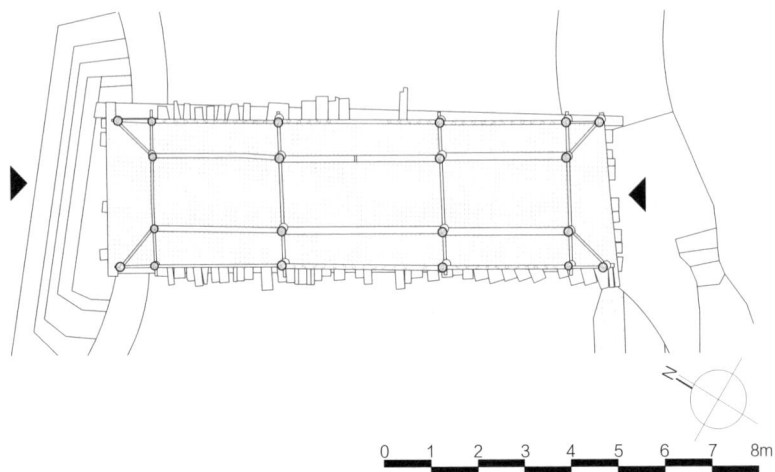

图 8-17　建筑平面测绘图

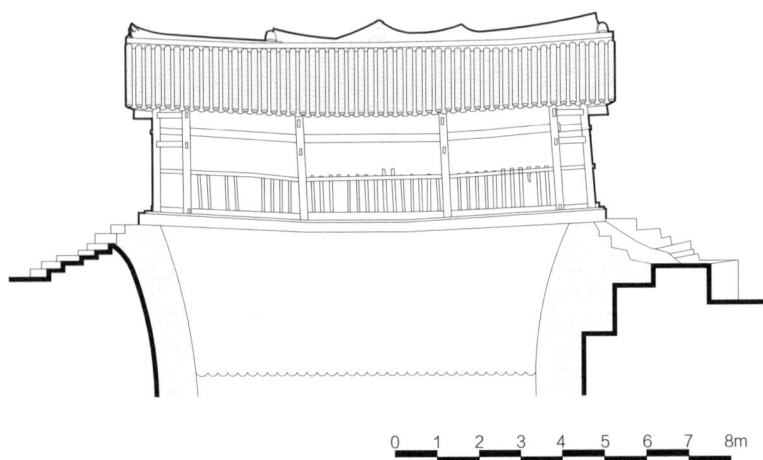

图 8-18　建筑正立面测绘图

8.3 大砚台石拱桥

1. 基础档案

建筑名称：大砚台石拱桥。

建筑地址：凤冈县绥阳镇砚台村大砚台组。

建筑年份：1983 年。

建筑结构：石结构。

保护等级：历史建筑。

2. 建筑简介

大砚台石拱桥位于凤冈县绥阳镇砚台村大砚台组，桥长 24.2m，宽 4m，通体为石砌筑方式成拱。为方便人民群众出行，由政府出资，群众出力，由当地技术精湛的工匠练启会承建修建此桥。该桥是当时新建到县城和绥阳开展商贸活动的必经之桥，至今保存完好。

3. 建筑影像（图 8-19~ 图 8-24）

图 8-19 大砚台石拱桥东向鸟瞰图

图 8-20 大砚台石拱桥西向鸟瞰图

图 8-21 大砚台石拱桥东北立面图

图 8-22 大砚台石拱桥西南立面图

图 8-23 大砚台石拱桥桥身

图 8-24　大砚台石拱桥桥面

4. 三维点云模型（图 8-25）

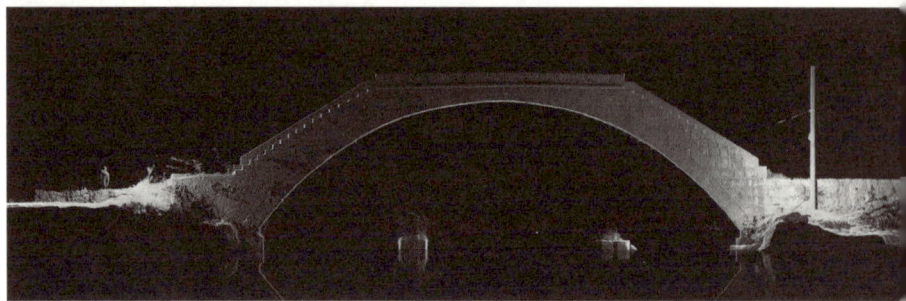

图 8-25　三维点云立面切片图

5. 建筑测绘图（图 8-26、图 8-27）

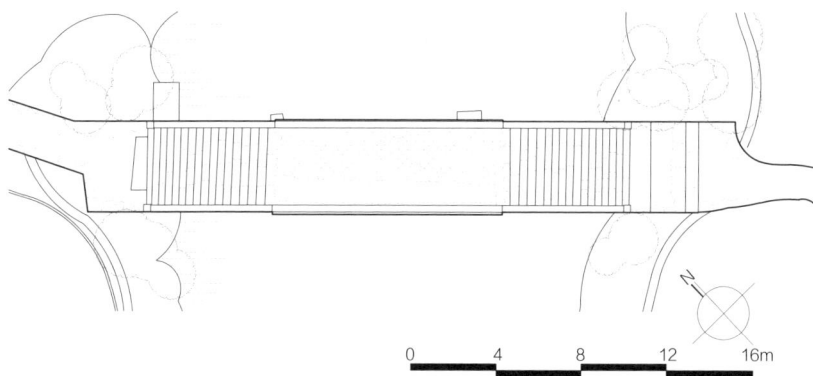

图 8-26　建筑平面测绘图

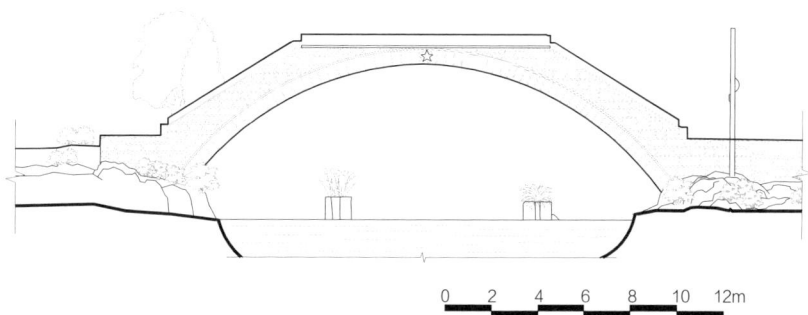

图 8-27　建筑立面测绘图

8.4　龙井石拱桥

1. 基础档案

建筑名称：龙井石拱桥。

建筑地址：凤冈县龙泉街道龙井社区龙井内。

建筑年代：20世纪初。

建筑结构：石结构。

保护等级：历史建筑。

2. 建筑简介

　　龙井石拱桥位于凤冈县龙泉街道龙井社区，龙井石拱桥是龙井的一部分。龙井泉水自飞雪洞流出，味清甘，大旱不涸。井旁岩石错落，古树参天。井前有"古石桥"1座和圆形洗衣池。该桥通体为石砌筑方式成拱，主要用于人们生产生活通行，毗邻文物保护单位"龙井摩崖石刻"。该桥承载了凤冈人的历史文化记忆，体现了当时的桥梁建筑风格和时代特色。

3. 建筑影像（图8-28~图8-30）

图8-28　龙井石拱桥鸟瞰图

图 8-29　龙井石拱桥透视图

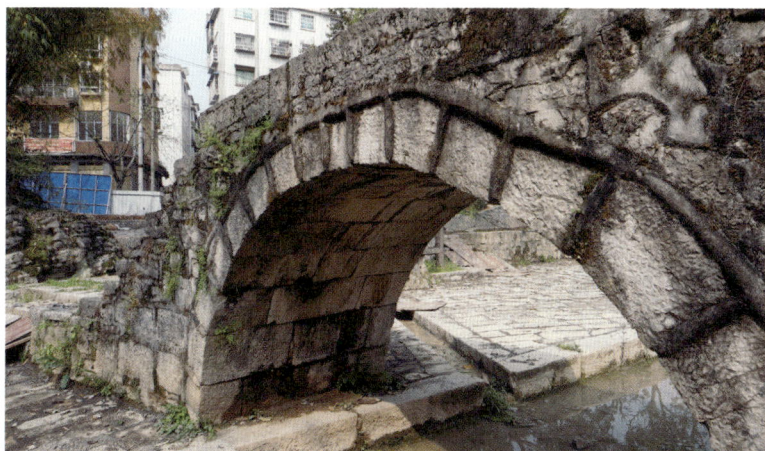

图 8-30　龙井石拱桥拱券

4. 三维点云模型（图 8-31）

图 8-31　建筑整体三维点云模型

5. 建筑测绘图（图 8-32）

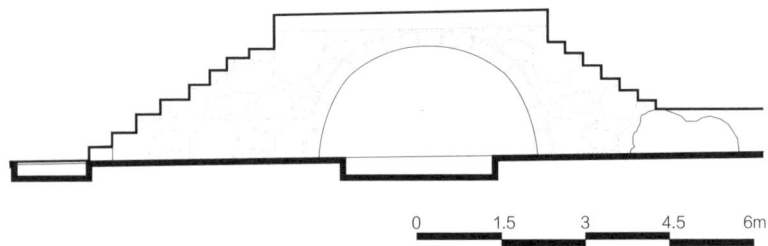

0　　　1.5　　　3　　　4.5　　　6m

图 8-32　建筑正立面测绘图

8.5 龙塘溪大桥

1. 基础档案

建筑名称：龙塘溪大桥。

建筑地址：凤冈县新建镇新建社区龙塘溪组。

建筑年代：20 世纪 70 年代。

建筑结构：砖石结构。

保护等级：历史建筑。

2. 建筑简介

　　龙塘溪大桥位于凤冈县新建镇新建设区龙塘溪组，始建于 20 世纪 70 年代，桥长 50m，宽 4.5m，高度约 30m。全桥为拱形结构，用石砌成，是连接集镇与桥塘村的必经之路。修建资金主要由政府出资和村民集资，村民自发投工投劳修建了这座幸福之桥。

3. 建筑影像（图 8-33 ~ 图 8-37）

图 8-33　龙塘溪大桥东南向鸟瞰图

图 8-34 龙塘溪大桥西北向鸟瞰图

图 8-35 龙塘溪大桥东北立面图

图 8-36　龙塘溪大桥西南立面图

图 8-37　龙塘溪大桥拱券

4. 三维点云模型（图8-38）

图8-38　三维点云立面切片图

5. 建筑测绘图（图8-39）

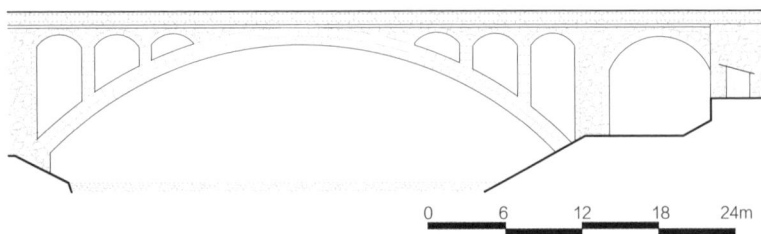

图8-39　建筑正立面测绘图

8.6 龙塘溪小桥

1. 基础档案

建筑名称：龙塘溪小桥。

建筑地址：凤冈县新建镇新建社区龙塘溪组。

建筑年代：20 世纪 80 年代。

建筑结构：砖石结构。

保护等级：历史建筑。

2. 建筑简介

龙塘溪小桥位于凤冈县新建镇新建设区龙塘溪组，始建于 20 世纪 80 年代，桥长 15m，宽 4.5m，高度约 15m。全桥为拱形结构，用石砌成，是连接集镇与桥塘村的必经之路。该桥由村民自发集资投工投劳修建。

3. 建筑影像（图 8-40~图 8-43）

图 8-40 龙塘溪小桥鸟瞰图

图 8-41　龙塘溪小桥东北立面图

图 8-42　龙塘溪小桥西南立面图

图 8-43　龙塘溪小桥拱券

4. 三维点云模型（图 8-44）

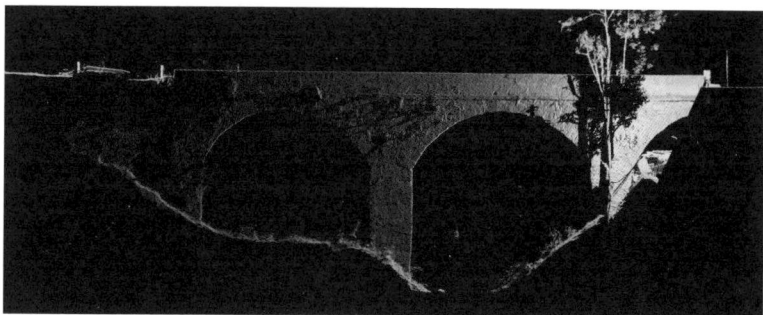

图 8-44　三维点云立面切片图

5. 建筑测绘图（图 8-45）

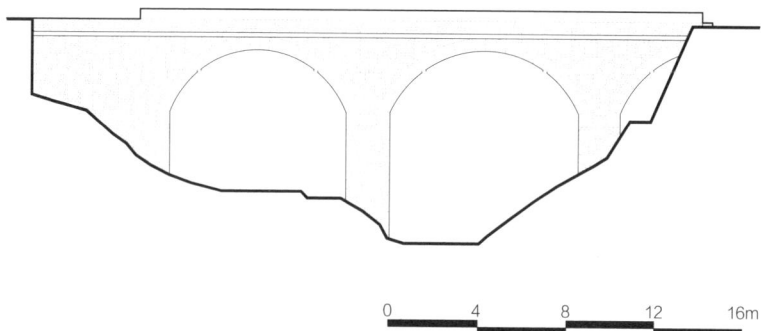

図 8-45　建筑正立面测绘图

第9章

时代记忆

  凤冈县拥有多处具有历史和文化价值的时代特色建筑，包括教育建筑、政府机构和水利设施等几类。这些建筑不仅具备实用功能，还承载着深远的历史意义。

  其中，琊川中学教学楼是凤冈县教育建筑的代表之一，见证了该县教育的发展历程，传承着时代的文化记忆。凤冈县的政府机构和水利设施也是呈现凤冈县时代特色建筑的典型代表，这些建筑体现了当时的技术水平，同时也见证了历史的变迁。

9.1 琊川中学教学楼

1. 基础档案

建筑名称：琊川中学教学楼。

建筑地址：凤冈县琊川镇偏刀水社区三组。

建筑年份：1970 年。

建筑面积：500m²。

建筑结构：砖木结构。

保护等级：县级文物保护单位。

2. 建筑简介

  琊川中学教学楼位于凤冈县琊川镇偏刀水社区三组，坐西向东，总面积 500m²。楼内共有 5 间教室，供学生们上课使用，其余则为教师办公室。这座教学楼于 20 世纪 70 年代中后期建成，采用抬梁式砖木结构，小青瓦盖顶。其建筑风格高雅，别具一格。值得一提的是，从这栋教学楼里走出了一大批在各行各业有所作为的学生，他们如今已经成为许多行业的中坚力量。

2009 年 9 月 27 日公布为第四批县级文物保护单位。

3. 建筑影像（图 9-1~ 图 9-5）

图 9-1　琊川中学教学楼东北向鸟瞰图

图 9-2　琊川中学教学楼东向鸟瞰图

图9-3 琊川中学教学楼东立面图

图9-4 琊川中学教学楼透视图

图 9-5　琊川中学教学楼北立面图

4. 三维点云模型（图 9-6）

图 9-6　建筑整体三维点云模型

5. 建筑测绘图（图9-7、图9-8）

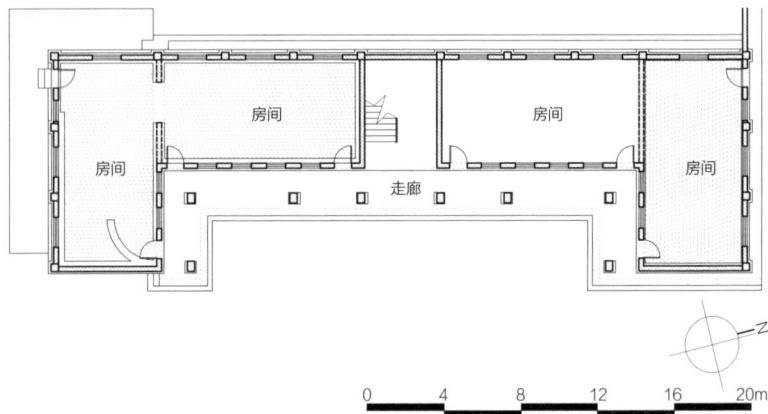

图 9-7　建筑平面测绘图

图 9-8　建筑正立面测绘图

9.2　凤冈县地税局老宿舍

1. 基础档案

建筑名称：凤冈县地税局老宿舍。

建筑地址：凤冈县龙泉镇和平路 16-5 号。

建筑年代：20 世纪 70 年代。

建筑结构：砖木结构。

保护等级：历史建筑。

2. 建筑简介

　　凤冈县地税局老宿舍位于凤冈县龙泉街道和平路，始建于 20 世纪 70 年代，是凤冈县地税局原职工宿舍。该建筑为砖木结构，一层，坡屋顶，房屋的梁、柱为木质材料，墙体由青砖砌筑而成，冬暖夏凉。20 世纪 70 年代，当地自建房多用此结构，该建筑体现了当时的建筑风格和时代特色。

3. 建筑影像（图 9-9~ 图 9-12）

图 9-9　凤冈县地税局老宿舍鸟瞰图

图 9-10　凤冈县地税局老宿舍透视图 1

图 9-11　凤冈县地税局老宿舍透视图 2

图 9-12　凤冈县地税局老宿舍屋顶

4. 三维点云模型（图 9-13）

图 9-13　建筑整体三维点云模型

5. 建筑测绘图（图 9-14、图 9-15）

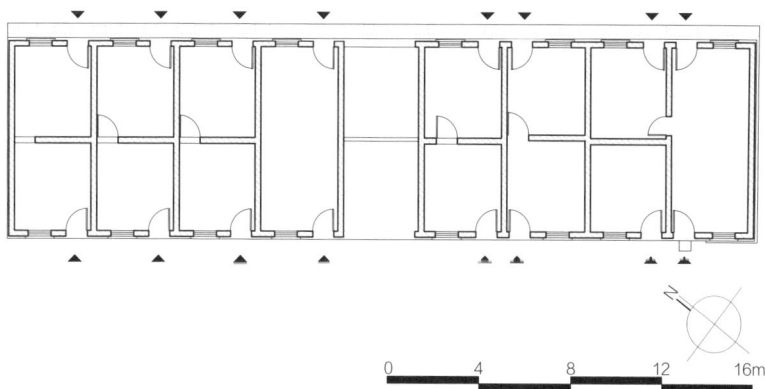

0　　　4　　　8　　　12　　　16m

图 9-14　建筑平面测绘图

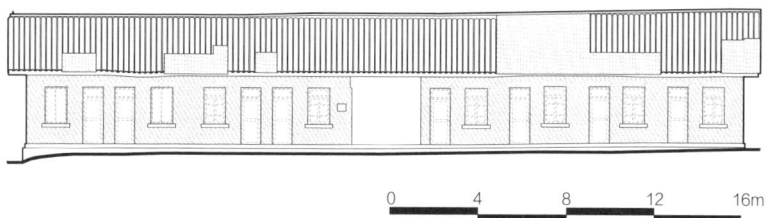

0　　　4　　　8　　　12　　　16m

图 9-15　建筑正立面测绘图

9.3 西山坝渡槽

1. 基础档案

建筑名称：西山坝渡槽。

建筑地址：凤冈县绥阳镇永盛社区西山组。

建筑年代：20 世纪 70 年代。

建筑结构：砖石结构。

保护等级：历史建筑。

2. 建筑简介

西山坝渡槽位于凤冈县绥阳镇永盛社区西山组，渡槽长约 500m，宽 1.5m，主体由槽身和桥墩组成，桥身通体由条石砌筑而成，始建于 20 世纪 70 年代，主要用于灌溉稻田。该渡槽由集体抽派青壮劳动力组成建设队伍，筹钱投劳，历时 2 年多修建完成。该渡槽灌溉辐射绥阳镇西山坝、苟家坝、大石村等多个村寨。

3. 建筑影像（图9-16~图9-20）

图 9-16　西山坝渡槽东南向鸟瞰图

图 9-17　西山坝渡槽西北向鸟瞰图

图 9-18　西山坝渡槽立面图

图 9-19 西山坝渡槽拱肋

图 9-20 西山坝渡槽拱券

4. 三维点云模型（图 9-21）

图 9-21 三维点云立面切片图

5. 建筑测绘图（图 9-22、图 9-23）

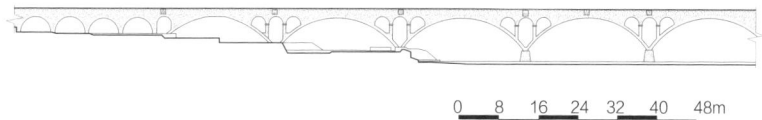

0 8 16 24 32 40 48m

图 9-22 建筑立面测绘图

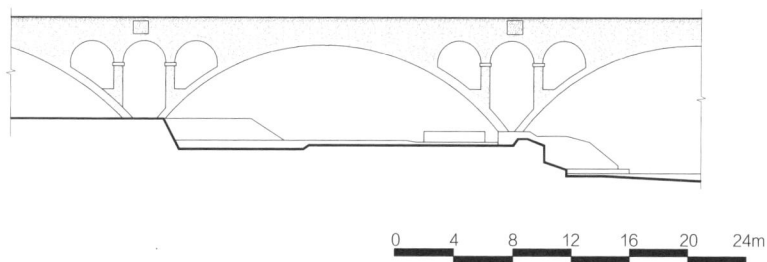

0 4 8 12 16 20 24m

图 9-23 建筑立面局部放大测绘图

参考文献

[1] 李发美. 黔北传统聚落公共空间类型及再利用研究 [D]. 北方工业大学，2020：23-25.

[2] 中共凤冈县委党史研究室. 凤冈红色文化丛书之一——纪念长征胜利八十周年暨凤冈红色文化研讨会文集 [M]. 北京：中共党史出版社，2017.

[3] 中共凤冈县委党史研究室. 凤冈红色文化丛书之二——红军长征到凤冈 [M]. 北京：中共党史出版社，2017：12.

[4] 中共凤冈县委党史研究室. 凤冈红色文化丛书之三——凤冈红色革命印迹 [M]. 北京：中共党史出版社，2017.

[5] 中共凤冈县委党史研究室. 凤冈红色文化丛书之四——1934 红六军团进凤冈 [M]. 北京：中共党史出版社，2017：41.

[6] 赵相康. 寻访红色遗迹 传承红色基因——贵州 100 处红色革命文物（遗址）指南 [J]. 当代贵州，2021（27）：88-94.

[7] 李毅. 晋城地区玉皇庙建筑特征研究 [D]. 西安建筑科技大学，2015：7-10.

[8] 王之怡. 中国木结构民居的结构类型与空间特征研究 [D]. 西安建筑科技大学，2016：73-74.

[9] 罗德启. 石头·建筑·人——从贵州石建筑探讨山地建筑风格 [J]. 建筑学报，1983（11）：28-32.

[10] 刘伊霜. 凤冈杨家寨：百年村落的亘古信仰 [N]. 遵义日报，2017-03-17.

[11] 陈倩. 因盐而生的传统山地聚落"诺邓"——"大青树"广场及其场所空间的历史研究 [J]. 建筑学报，2012（S2）：97-102.

[12] 王其钧. 中国建筑图解词典 [M]. 北京：机械工业出版社. 2017：202-207.

[13] 贵州省地方志编纂委员会. 贵州省志 文物志 [M]. 贵阳：贵州人民出版社，2003.

致

谢

在本书的撰写过程中，我们得到了诸多帮助和支持，在此致以衷心的感谢：首先感谢凤冈县政府的大力支持，尤其是庞前聪县长、刘明俊局长的殷切关怀和指导；感谢凤冈县文化旅游局、凤冈县住房和城乡建设局的通力配合，感谢周翠、李正礼、谢红、薛天辉、陆地、汤国强等诸位领导的悉心关照，感谢各乡镇村基层干部的无私帮助。

最后，感谢每一位读者，我们希望本书能够为读者带来知识、启迪和思考。

图书在版编目（CIP）数据

贵州凤冈县古建筑数字化保护理论与应用 / 杨颋等
著 . — 北京：中国建筑工业出版社，2023.11（2024.4 重印）
ISBN 978-7-112-29410-7

Ⅰ . ①贵… Ⅱ . ①杨… Ⅲ . ①数字技术—应用—古建
筑—保护—凤冈县 Ⅳ . ① TU-87

中国国家版本馆 CIP 数据核字（2023）第 241217 号

数字资源阅读方法：
本书提供全书图片的电子版（部分图片为彩色），读者可使用手机 / 平板
电脑扫描右侧二维码后免费阅读。
操作说明：
扫描右侧二维码 → 关注"建筑出版"公众号 →点击自动回复链接 → 注
册用户并登录 → 免费阅读数字资源。
注：数字资源从本书发行之日起开始提供，提供形式为在线阅读、观看。如果扫码后遇
到问题无法阅读，请及时与我社联系。客服电话：4008-188-688（周一至周五 9:00-17:00），
Email：jzs@cabp.com.cn

责任编辑：李成成
责任校对：王　烨

贵州凤冈县古建筑数字化保护理论与应用
杨　颋　邹　姗　李兰君　孔令融　著
*
中国建筑工业出版社出版、发行（北京海淀三里河路 9 号）
各地新华书店、建筑书店经销
北京雅盈中佳图文设计公司制版
天津裕同印刷有限公司印刷
*
开本：880 毫米 ×1230 毫米　1/32　印张：$7\frac{5}{8}$　字数：170 千字
2023 年 12 月第一版　2024 年 4 月第二次印刷
定价：99.00 元（赠数字资源）
ISBN 978-7-112-29410-7
（42180）